ARCHITECTURE 建筑

普通高等教育土木建筑类系列教材

公共艺术设计
——八种特定环境公共艺术设计

GONGGONG YISHU SHEJI

王鹤 著

华中科技大学出版社
http://press.hust.edu.cn
中国·武汉

图书在版编目(CIP)数据

公共艺术设计:八种特定环境公共艺术设计/王鹤著. —武汉:华中科技大学出版社,2022.12
ISBN 978-7-5680-4354-0

Ⅰ.①公… Ⅱ.①王… Ⅲ.①建筑设计-环境设计 Ⅳ.①TU-856

中国版本图书馆 CIP 数据核字(2022)第 211734 号

公共艺术设计——八种特定环境公共艺术设计
Gonggong Yishu Sheji——Bazhong Teding Huanjing Gonggong Yishu Sheji

王 鹤 著

策划编辑:康 序
责任编辑:李曜男
封面设计:孢 子
责任监印:朱 玢
出版发行:华中科技大学出版社(中国·武汉)　　电话:(027)81321913
　　　　　武汉市东湖新技术开发区华工科技园　　邮编:430223
录　排:武汉二月禾文化传播有限公司
印　刷:湖北新华印务有限公司
开　本:889 mm×1194 mm　1/16
印　张:7.25
字　数:216 千字
版　次:2022 年 12 月第 1 版第 1 次印刷
定　价:58.00 元

前言

　　自公共艺术这个概念在中国普及之后,国内外教育领域的一个显著差异就经常被提起:国内对公共艺术的本科教育极为关注。在欧美等公共艺术发达的国家,本科阶段一般没有公共艺术教育,硕、博阶段才有相关教育,此举成功培养了大批工程专业出身,兼具工程知识与艺术情怀的公共艺术设计师。国内的模式固然有其基于国情的合理性,但海外模式的借鉴意义也不可忽视。我们究竟是要针对公共艺术发展中的特殊问题培养综合性的人才,还是面向不同专业大学生开设通识课程,从本科阶段致力于跨学科人才培养,使不同专业学生在方案中团结协作,比如环境设计、雕塑专业学生与建筑工程、城乡规划、机械设计或光电子信息等专业学生合作等? 这是一个关乎中国公共艺术未来的问题。公共艺术专业于 2012 年进入《普通高等学校本科专业目录(2012 年)》,成为设计学类下的 8 个专业之一,使对这一问题的回答日渐紧迫。

　　从 2014 年起,笔者在天津大学开设全校公选课"设计与人文——当代公共艺术",积极按照高水平通识课程标准开展课程建设,探索专业课程与通识课程结合的新路径,致力于借助公共艺术这个新兴学科的前沿成果提升理工科大学不同专业学生的审美素养与艺术兴趣,教学效果显著,广受学生欢迎。课程于 2014 年 7 月获批为天津大学、南开大学互选课程,并在两所大学同时开设。课程还于 2015 年成为尔雅通识课,于 2017 年 3 月面向全国 700 余所院校的 200 余万在校生开设。已有十余篇介绍课程建设成果的教学论文发表在国内外专业刊物上,得到了相关领域师生的广泛关注。

　　在"设计与人文——当代公共艺术"课程建设的过程中,教材建设始终反映了教学重点的演进。前几部教材从知识普及开始,过渡到侧重创意思维和专业课程,又发展到专业课程与通识课程结合,循序渐进、各有侧重、互为补充,助推教学质量不断迈上新台阶。《公共艺术设计——八种特定环境公共艺术设计》是课程发展到一个新阶段的具体体现。在这个阶段,天津大学建筑学与城乡规划两个专业的学生逐渐成为学习者主力军。他们对公共艺术知识有较大渴求,又希望将其与自身专业学习结合,应用于今后的设计实践。在这个形势下,我们从课堂实践开始探索了基于公园、广场、步行街、大学校园、亲水环境、生态环境、建筑内外环境和道路沿线等八种特定环境的公共艺术设计,取得了很好的效果。

在这个基础上，我们通过将课堂讲授知识规范化、系统化，将几届学生基于特定环境的公共艺术设计作业进行了梳理与点评，使其能够给课堂教学和尔雅在线课程学习者提供极大帮助。根据编写体系安排和版式要求，本书共分 8 章，对每种环境的介绍都包括经典案例分析、设计要点、作业范例详解、创新案例追踪四个模块。我们最终挑选了 36 份作业进行详解。这些作业的作者以高年级同学为主，也包括部分本科一年级同学。作业挑选以质量为首要考量，也兼顾代表性，部分暴露出不足的作业也能对教学起到促进作用。

相信本书能够给国内各高校的专业学子和社会爱好者提供有益的帮助，也能够为国内创意人才培养提供一个跨学科的全新视角。

王　鹤

2022 年 3 月

CONTENTS 目录

绪论

"设计与人文——当代公共艺术"课程概述

"SHEJI YU RENWEN —— DANGDAI GONGGONG YISHU" KECHENG GAISHU

2012 年,随着公共艺术(public art)进入《普通高等学校本科专业目录(2012 年)》,成为设计学类下的 8 个专业之一,公共艺术在高等院校教学中的应用开始成为关注焦点。笔者在天津大学开设了面向不同工程类专业学生的"设计与人文——当代公共艺术"课程。在天津大学,该课程学习者以建筑、规划等专业课程与艺术表现关系较紧密的专业的学生为主,也包括土木工程、工业设计、自动化、环境工程等与公共艺术有关系的专业的学生。课程建设的主要目的是帮助相关工程专业学生了解公共艺术相关知识,培养他们独立思考的能力,指导根据特定环境开展设计,使学生所学技能可以在今后的学习与工程实践中学以致用。

0.1 教学的理论依据

目前学术界对公共艺术的定义、公共艺术的特征以及公共艺术如何在中国发展尚存在争议,课程在高校内的设置还不明确。这样的实验在国内虽然尚属首创,但并非心血来潮,而是建立于坚实的理论基础之上的,这就是公共艺术自身的高度跨学科特性、设计视角在今后中国公共艺术发展中的根本性作用和专业技能的辅助。

1.公共艺术自身的高度跨学科特性

公共艺术是一种创作过程具有开放性的新兴艺术形式,集合了原有环境雕塑、景观、设施等门类的特征。公共艺术设计者多为画家、设计师、机械工程师等,如机械工程师出身的乔治·里奇、建筑师出身的托尼·史密斯等都没有艺术背景,更不必提在公共艺术策划中发挥重要作用的作家库斯杰·凡·布鲁根(奥登伯格的夫人)等人。如此多的公共艺术大师出身不同学科,是开展跨学科公共艺术教学实验的基础。另外,公共艺术涉及学科多,运用新技术多,与现代社会进步结合紧密。更主要的是,大量案例都广泛继承了相关学科知识;落成于英国默西河畔的《未来之花》通过风力涡轮采集清洁可持续能源为作品照明;耶路撒冷的 Warde 集成了探测感应器,人经过花朵就会张开以提供阴凉,反之则会合上花瓣显示与城市一样静谧。此类案例不胜枚举。此外,大量建筑师出身的创作者活跃于公共艺术领域,如弗兰克·盖里、托尼·史密斯、Tonkin Liu 等人。事实上,创作者不同的学科背景,是公共艺术创意思维的宝贵源泉。

2.设计视角在今后中国公共艺术发展中的根本性作用

王洪义先生全面系统地归纳了公共艺术研究中的社会、城市、政治、历史、艺术、教育、设计和生态八个研究视角,进而指出:"视公共艺术为城市设计是一种关注技术实施的研究角度,有相对较为实用的研究价值——在现实中真正能决定公共艺术的人,也是城市规划、建筑和景观设计师们,因此这个角度的研究方向和水准是至关重要的。"因此,在本科期间,就向建筑、规划、建筑工程、工业设计、环境科学等专业的学子普及公共艺术的基本知识与审美标准,当他们今后走上与城市设计关系紧密的不同设计岗位后,无疑将大幅提升中国公共艺术建设的质与量。这方面的教学效果将在今后的 15～20 年时间中得到检验。基于此,选择公共艺术作为切入点,最适合工科院校学生在不脱离工程背景的前提下了解艺术本质,提升审美素养和人文关怀。

3.专业技能的辅助

专业技能可以这样定义:在专业学习过程中,为了达到学习目的而熟悉的特定工具、介质的操作技巧及经验总结。同样是由于公共艺术的跨学科特性,建筑学和城乡规划学专业同学在专业学习中掌握的手工模型制作技巧与计算机建模能力也被广泛应用在公共艺术设计方案后期表现中,体现出了依靠自身专业技能完善公共艺术设计方案表现效果的能力。

以建模及其他表现软件的运用为例,传统写实雕塑中的塑造,在公共艺术中可以演变为人体翻模,小强生更是在创作中运用 Maya 软件和雕刻机,虽然也引起争议,但都说明公共艺术对表现手段持多样化和开放的态度。在现代大学校园中,高性能电脑成为学习生活标配,网络提供了搜集素材的顺畅通道。SketchUp、Photoshop、Rhino、AutoCAD(以及其他来源的 CAD)等界面友好,操作远较之前建模、渲染软件简便的软件工具的普及,消除了非艺术专业大学生参与公共艺术设计的主要障碍,提供了展示自身创意方案的利器。这些软件与学生的专业学习有关,可以实现资源共享。经实践反馈,即使仅为课程自学,学生也大多能在很短时间内掌握软件的基本要领。

0.2 教学内容设计

公共艺术是动态的实践,涉及多个学科的知识内容。保证建筑学与城乡规划专业学生了解公共艺术的时代背景,需要相当的理论教学与技能培养。经过深入研究与反复试验,我们将"设计与人文——当代公共艺术"课程教学内容分为总论、设计方法、设计要素和设计主题四个板块,共 16 个学时。

1. 总论

第一学时 公共艺术的特征	
教学目标	通过对比分析和案例讲解,使学习者掌握公共艺术的八个特征,增加知识储备,树立对公共艺术的感性认识,为后续课程打好基础
教学重点	融合感性认识与理性思考,根据教学目标科学设计课程特点与讲解内容,留出学生思考与回答的时间
教学难点	涉及建筑、雕塑、景观、设施等多领域知识与内容,需要在全面对比分析中帮助学习者掌握前沿且不断变化的公共艺术概念
教学方法与手段	课堂多媒体教学,案例分析,对比研究;注重启发性教学,鼓励师生互动与小组讨论
板书设计	一级标题:课程名称。二级标题:单元名称。三级标题:八个特征的缩写。另有部分需要强调的重点概念

续表

教学进程	
本学时内教师的主要活动	借助多媒体与板书进行课堂教学,通过提问与互动掌握学生的理解程度
本学时内学生的主要活动	听教师讲授概念,根据教学内容设计通过回答加入教学进程,增强互动,在特定环节进行小组讨论

教学内容	
	掌握公共艺术的特征:①公共艺术的位置具有开放性;②公共艺术的内容具有通俗性;③公共艺术的设计具有综合性;④公共艺术的内涵具有现代性;⑤公共艺术的空间具有互动性;⑥公共艺术的功能具有实用性;⑦公共艺术的环境具有归属性;⑧公共艺术的表现具有趣味性。每个特征的介绍、回答与掌握各需要 5 分钟左右,共计 40 分钟,其余时间机动
课后习题	完成一个公共艺术经典案例分析,700～800 字,要求选材新颖,主题明确,内容完整并具有可扩展性,文字表达清晰、流畅,重复率不超过 20%,鼓励与专业相关。目的在于树立对公共艺术特征的初步认识,明确对公共艺术的兴趣方向,为大作业进行感性与理性知识和技能的铺垫

2. 设计方法

公共艺术与传统具象艺术不同的一点在于,其造型、成型方法有规律可循,这是由公共艺术创作者身份的多样性和受众的广泛性决定的。"设计与人文——当代公共艺术"课程体系重点介绍了三种设计方法:现成品、二维和构成。选择这三种方法主要基于下面几条原则:首先,能够保证学习者在不具备传统绘画、雕塑造型训练基础的情况下顺利掌握,并具有向数字化和参数化拓展的可行性;其次,与学习者其他的专业课程和基础课程有较强的延续、联系和互补关系,具体来说包括平面与立体构成、城市街道尺度认知等;再次,需要与能动、功能等设计要素相互协调;最后,需要适合中国国情。

三种设计方法的内容精简为 8 个学时(第二学时～第九学时)。

第二学时　单体现成品公共艺术

教学目标	主要锻炼学生发现现成品形式美感的能力,不要求对现成品变形或组合,只需要根据环境决定尺度、角度等基本问题
教学重点	单体现成品公共艺术作品的设计过程,重点锻炼对现成品形态加以改变使其更具有形式美感并更加适应环境的能力
教学难点	涉及较多的背景知识,并对学习者的设计素养与技能掌握速度提出了较高要求
教学方法与手段	课堂多媒体教学,重点为单体现成品公共艺术的选择、形态变化、拟人化等设计方法;注重启发性教学,强调作业范例讲解分析
板书设计	一级标题:课程名称。二级标题:单元名称。三级标题:单体现成品公共艺术的选择、形态变化与拟人化处理。另有部分需要强调的知识点

教学进程	
本学时内教师的主要活动	借助多媒体与板书进行课堂教学,通过提问与互动掌握学生的理解程度,进行作业讲评
本学时内学生的主要活动	听教师讲授重点知识,根据教学内容设计展开设计思路,在特定环节进行小组讨论

续表

教学内容
现成品公共艺术是一种基于发现与复制的设计,需要锻炼选择现成品的审美能力、根据环境改变作品形态的能力。美国艺术家奥登伯格是这个领域的代表人物。

单体公共艺术相对于组合公共艺术来说关系更为简单,选择正确的现成品元素是关键的一步。成功的现成品运用要满足形态的完整和色彩的鲜艳,形态和色彩未经艺术化处理会导致不成功的现成品运用。霍夫曼的大黄鸭能够成为一种在世界范围内广受赞誉,为不同性别、年龄、国籍观众所喜爱的公共艺术,就与其选择的现成品元素为人们熟悉,且形体简洁、完整、颜色鲜艳有直接关系。

现成品公共艺术以现成品为基本元素,造型上受到原始形态的制约,因此单体现成品往往需要进行形态变化才能适应主题与环境要求。具体的方法有以下几种。

(1)形态变化。

①弯折变化,宾夕法尼亚大学中的《裂开的纽扣》就是这个类型的典型案例,纽扣变化后的形态充分满足了功能提供和安全性的要求;②柔性扭转,即公共艺术借鉴纤维艺术的诸多特点,利用元素自身进行扭转,如德国弗赖堡的《花园水管》;③利用自身结构特征,进行以枢纽为轴心的旋转和伸展,如威尼斯的《刀船》(Knife Ship)是这个领域的代表作。

(2)肌理变化。

除形态变化外,单体现成品还要根据需要进行肌理变化,分为结构框架化和表皮框架化,如美国艾奥瓦州首府得梅因市的《克鲁索的伞》(Crusoe Umbrella)、芝加哥的《棒球棒》(Batcolumn)、英国米德尔斯堡的《漂流瓶》(Bottle of Notes)都是这个领域的成功之作。框架或网格结构能够消解巨大尺度带来的压迫感,使现成品公共艺术更容易融入都市环境。当然这种框架化的设计方法也广泛运用于现成品之外的公共艺术设计,如西班牙新锐艺术家乔玛·帕兰萨就大量使用字母形成网状结构来塑造人像,产生符合时代感的独特艺术效果

课后习题	直接利用身边能找到的现成品或在现成品基础上通过旋转、扭转等方式变形,完成一项基于现成品的公共艺术概念设计;可添加元素,要求形式新颖,符合基本的形式美法则,占地尽量不超过 30 m²

单体现成品工共艺术如图 0-1 至图 0-4 所示。

❋ 图 0-1　弯折变化的《裂开的纽扣》

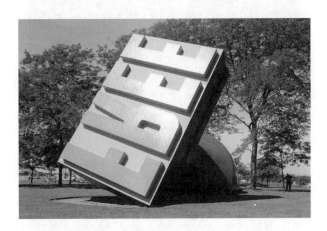

❋ 图 0-2　倾斜布置的《自由图章》

❋ 图 0-3　与地面环境一体的《晾衣夹》

❋ 图 0-4　依靠电动机变化形态的《刀船》

第三学时　组合现成品公共艺术

教学目标	在掌握单体现成品公共艺术设计要点的基础上,掌握组合现成品公共艺术的基本规则以及与环境的相对关系
教学重点	结合案例分析掌握组合现成品公共艺术的组合规律、分解原则
教学难点	与单体现成品公共艺术的设计相比,增加了对复杂环境的认知与处理,需要学习者对之前学习的内容有系统完整的掌握,并能活学活用所学知识技能
教学方法与手段	课堂多媒体教学,重点为组合现成品公共艺术的组合、分散布置等设计方法;注重启发性教学,强调作业范例讲解分析
板书设计	一级标题:课程名称。二级标题:单元名称。三级标题:组合现成品公共艺术的组合、分散布置等。另有部分需要强调的知识点
教学进程	
本学时内教师的主要活动	借助多媒体与板书进行课堂教学,通过提问与互动掌握学生的理解程度,进行作业讲评
本学时内学生的主要活动	听教师讲授重点知识,根据教学内容设计展开设计思路,在特定环节进行小组讨论

续表

教学内容

组合现成品强调利用多个相同或不同的现成品基本元素，通过符合形式美法则的堆叠、搭接方式加以组合，从而获得全新的视觉效果和产生全新的意义内涵。相对单体公共艺术作品，组合运用的优势在于能够适应更大的空间，比如广场、公园，避免单体公共艺术在这种情况下为了适应环境而尺度过大。组合的方式主要有以下几种。

（1）单一元素的组合。

组合式公共艺术在大多数情况下需要处理相同元素的组合，其组合难度相对较低，如奥登伯格设计于荷兰埃因霍温的《飞舞的球瓶》（*Flying Pins*）、位于美国加利福尼亚的《帽子的三段式着陆》（*Hat in Three Stages of Landing*）、位于挪威的《跌倒的图钉》（*Tumbling Tacks*）、位于美国堪萨斯州的《羽毛球》（*Shuttlecocks*）、位于西班牙巴塞罗那的《火柴》（*Match Cover*）等。

（2）不同元素的组合。

不同元素的组合即两种不同元素的组合，如位于明尼阿波利斯的《汤匙和樱桃》（*Spoonbridge and Cherry*）、位于美国丹佛设计中心的《大扫除》（*Big Sweep*），以及位于德国维特拉股份有限公司的《平衡的工具》（*Balancing Tools*）。

（3）多种元素的组合。

组合式公共艺术还包括单一公共艺术分解后的多个组成部分，采用这种方式同样是为了适应环境，比如在巴黎拉·维莱特公园中的《掩埋的自行车》（*Buried Bicycle*）就为了适应开阔的场地分为四个部分，意大利米兰的《针、线、结》（*Needle, Thread and Knot*）则是为了适应被一条路分开的特殊地形

课后习题	利用单一或多种现成品，进行多样化组合的概念设计，要求形式新颖，符合基本的形式美法则，地尽量不超过 30 m²

组合现成品工共艺术如图 0-5 至图 0-7 所示。

❋ **图 0-5　散布置的《羽毛球》**

❋ **图 0-6　种元素综合运用的《汤匙与樱桃》**

❋ **图 0-7　种元素综合运用的《笤帚与土簸箕》**

第四学时　二维剪影正负形公共艺术

教学目标	根据讲授内容，积极运用创意思维，熟练掌握多种将二维图像转换为三维立体形态的设计方法，并能根据环境特点熟练运用
教学重点	以让·阿尔普等大师的作品为范本，对特定二维形式加以提炼整合，并依托适当的载体将其布置在公共空间中，使作品在特定角度具有优美的形式感，并在一定程度上对基地环境进行考虑

续表

教学难点	这个环节是从二维平面转向三维立体形态创作的一个很好的过渡,在难度和功能上都具有承上启下的作用
教学方法与手段	课堂多媒体教学,重点为剪影式二维公共艺术的正负剪影等设计方法;注重启发性教学,强调作业范例讲解分析
板书设计	一级标题:课程名称。二级标题:单元名称。三级标题:剪影式二维公共艺术的正形、负形。另有部分需要强调的知识点
教学进程	
本学时内教师的主要活动	借助多媒体与板书进行课堂教学,通过提问与互动掌握学生的理解程度,进行作业讲评
本学时内学生的主要活动	听教师讲授重点知识,根据教学内容设计展开设计思路,在特定环节进行小组讨论
教学内容	

剪影来自对事物轮廓的描述,轮廓又来自物体的形状。不受光影、深度、体积影响的形状是辨识物体最基本的手段。阿恩海姆在《艺术与视知觉》中认为,形状是被眼睛把握到的物体的基本特征之一,它涉及的是除了物体的空间位置和方向等性质之外的外表形象。换言之,形状不涉及物体处于什么地方,也不涉及对象是侧立还是倒立,而主要涉及物体的边界线。传统上,开放空间中的艺术形式只可能是二维的壁画、线刻或三维的雕塑。但是现代公共艺术颠覆了这个传统认知,大胆采用具体形状的轮廓剪影作为主要表现手段。剪影根据形式不同可分为剪影正形、剪影负形和剪影正负形。

(1)剪影正形。

美国人基斯·哈林(Keith·Haring)是较早运用剪影手法进行公共艺术创作的艺术家之一。其艺术形式来自绘画探索,以红、黄、蓝三原色为基础,以简洁的轮廓表现人物形象,运用到公共环境中后,通过与环境综合布置克服二维图像局限,以适应360°开放环境。他的设计占地面积小,对环境适应度高,在世界范围内有数量众多的追随者。

(2)剪影负形。

与剪影正形公共艺术利用事物轮廓作为主要表现手段相反,剪影负形公共艺术主要运用实体围合出的虚拟空间作为表现手段,不但视觉效果醒目,还可以穿越交通流线。但这种方法高度依赖背景的纯净,适合布置在海滩等空间。

(3)剪影正负形。

剪影正负形是在正形内包含负形,兼具这两种艺术形式的利弊,但特点在于可以通过正形内的负形轮廓表达特定概念,比如博罗夫斯基位于比勒菲尔德的《男人/女人》就是成功案例

课后习题	单独或综合运用剪影设计手法,完成一项基于二维图像的公共艺术概念设计,要求添加相应设计元素,形式新颖,符合基本的形式美法则,占地尽量不超过 30 m²

二维剪影正负形式公共艺术如图 0-8 和图 0-9 所示。

※ 图 0-8 洛杉矶高速公路旁的剪影作品《市区摇滚》

※ 图 0-9 温尼伯市千禧图书馆广场上的剪影作品 *Emptyful*

第五学时 二维板材的插接与折叠

教学目标	进行空间和形体的立体转换,掌握二维形体与三维形体的形态特征,熟练掌握如何用板材搭接以得到三维形体,并与环境和特定主题结合
教学重点	以休格曼等大师的作品为范本,掌握以二维板材为基本元素,通过插接和拼装获得三维形体的设计方法;在此基础上,充分发挥二维面材特性,掌握利用折纸的多种表现手法获得三维形体的设计方法
教学难点	对空间想象力有较高要求,需要运用多方面范例和启发性教学打开学生思路,提高教学效果
教学方法与手段	课堂多媒体教学,重点为二维公共艺术的插接与折叠等设计方法;注重启发性教学,强调作业范例讲解分析
板书设计	一级标题:课程名称。二级标题:单元名称。三级标题:二维公共艺术的插接、二维公共艺术的折叠。另有部分需要强调的知识点

续表

教学进程	
本学时内教师的主要活动	借助多媒体与板书进行课堂教学,通过提问与互动掌握学生的理解程度,进行作业讲评
本学时内学生的主要活动	听教师讲授重点知识,根据教学内容设计展开设计思路,在特定环节进行小组讨论

教学内容	
	与单纯二维平面的剪影式公共艺术相比,插接与折叠是更为复杂的设计方法,涉及空间中的三维造型。它更接近传统的雕塑造型方式,因此对设计者把握空间的能力有较高要求。 最基础的内容是对几何形态的表现,主要是将板材作为一种基本要素,通过插接与折叠的方式进行组构,由易到难,分别可以表现几何形态、偶发形态与具象形态。许多儿童益智玩具都采用了类似形式。 更进一步的方式是对偶发形态的表现,美国艺术家乔治·休格曼在这个领域最具代表性,不规则形、色彩鲜艳的片状铝板是他钟爱的造型元素。其代表作加利福尼亚欧文市贸易中心《城市公园》,就体现了插接与折叠手法的综合运用,多变的形态、鲜艳的色彩,以及符合人体工程学的休息功能提供。 插接与折叠方式还可以广泛运用于植物、动物和人物等具象形态的表现,具有直观、新颖的视觉效果。英国盖茨黑德的超大型公共艺术《北方天使》就是运用板材插接方式设计而成的,相对同尺度的传统造型方式作品,成功节省大量人力、财力

课后习题	运用插接与折叠的设计方法,结合环境与功能等设计要素,开展二维图像的公共艺术概念设计,要求形式美观,结构合理并具有工程上的可行性与安全性

二维板材的插接与折叠如图 0-10 至图 0-13 所示。

❋ 图 0-10 休格曼的作品运用了偶然性插接组合方式

❋ 图 0-11 组合后的形体还具有休息功能

❋ 图 0-12 奥登伯格的《手电筒》采用了典型的板材插接设计方法

❋ 图 0-13 以人形板件插接的博罗夫斯基的《人塔》

第六学时　二维形体的厚度拉伸

教学目标	帮助学生了解面与体的转换关系,掌握二维形体通过厚度拉伸获得体积,以适应环境的能力
教学重点	把握如何利用环境设置,化解二维公共艺术的不足,以及如何通过组合运用来提升表现力
教学难点	以克劳斯为代表的具象形态拉伸方法比较复杂,对空间形象与原始图像质量均有较高要求,是本学时学习的难点
教学方法与手段	课堂多媒体教学,重点为二维形体的塑造与厚度的把握;注重启发性教学,鼓励师生互动与小组讨论
板书设计	一级标题:课程名称。二级标题:单元名称。三级标题:字母、几何形体和具象形体
教学进程	
本学时内教师的主要活动	借助多媒体与板书进行课堂教学,通过提问与互动掌握学生的理解程度
本学时内学生的主要活动	听教师讲授重点知识,根据教学内容设计通过回答介入教学进程,增强互动,在特定环节进行小组讨论
教学内容	

对二维形体进行厚度拉伸,可以有效避免剪影公共艺术边缘过薄、布置环境受制约等问题,因此应用范围越来越广。

(1)字母。

最简单的厚度拉伸是字母的拉伸。最先使用拉伸方法对二维拉丁字母进行处理的艺术家是罗伯特·印第安纳(Robert Indiana),其"LOVE"系列分布于世界范围内十余座城市。位于伦敦奥林匹克公园的《RUN》则是其当代继承者,并加入了LED发光等新型效果。

(2)几何形体。

对形式优美的几何二维图像进行厚度拉伸也可以得到具有三维形体的公共艺术作品,法国艺术大师阿尔普是这个领域的代表人物。这种方法对作品的尺度有限制,因为过大的形体会显得表面较空。鲜艳的色彩和丰富新颖的肌理也有助于提升整体效果。

(3)具象形体。

具象形体的厚度拉伸更为复杂,位于德国波恩的贝多芬像最具代表性。这件作品的设计者为摄影师克劳斯·卡梅里希斯(Klaus Kammerichs),他以贝多芬经典肖像为创作原型,利用混凝土片状结构模仿原画的高光、阴影及笔触组构而成。所有的片状结构都只有正视角一个维度的变化,可以理解为一种对具象形体的抽象化。但这种方式高度依赖原始图像的质量,因此传播并不广泛

课后习题	重点以字母或几何形体进行厚度拉伸的公共艺术概念设计,要求具有形式美感

二维形体的厚度拉伸如图 0-14 至图 0-16 所示。

※　**图 0-14　印第安纳位于日本东京新宿的 *LOVE***

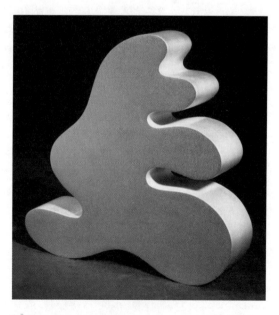

※　**图 0-15　阿尔普厚度拉伸几何作品的模型,原作位于纽约大学**

※ 图 0-16 《贝多芬》的厚度拉伸以原作笔触的边缘为范围

第七学时　渐变构成公共艺术

教学目标	使学生熟练掌握利用渐变构成法则展开公共艺术设计的要点,提升审美能力,活用设计技巧
教学重点	以有较大影响的经典公共艺术作品,如拜尔的《双重阶梯》为实际案例,辅之以环境、材料、工艺等知识点讲解,要求学习者能够将构成法则活学活用,并具有针对环境特点展开设计的能力
教学难点	利用渐变的形式法则进行公共艺术创作有如下几个难点:首先是基本元素的选择,这个基本元素自身必须具有形式美感,同时元素之间具有统一性和秩序感;其次,准确定位轴线;最后,准确把握基本元素间的距离,即旋转方向,否则难以实现预期的形式美感
教学方法与手段	课堂多媒体教学,重点为构成的基本概念与渐变的形式美法则;注重启发性教学,强调作业范例讲解分析
板书设计	一级标题:课程名称。二级标题:单元名称。三级标题:构成概念、渐变法则、拜尔《双重阶梯》。另有部分需要强调的知识点

续表

教学进程	
本学时内教师的主要活动	借助多媒体与板书进行课堂教学,通过提问与互动掌握学生的理解程度,进行作业讲评
本学时内学生的主要活动	听教师讲授重点知识,根据教学内容设计展开设计思路,在特定环节进行小组讨论

教学内容

　　构成艺术是完全意义上的抽象艺术,完全摒弃对具象事物的表现,用各种体块构成,强调营造形体和形体之间组合的形式美感。构成艺术在现代设计中应用广泛,因此平面构成、色彩构成和立体构成成为重要的设计基础课程,在设计院校普遍开设。渐变是形状、大小、位置、方向有规律的变化。其中主要包括以下几种类型:

　　(1)单向渐变。

　　单向渐变构成公共艺术形式简单,只有一种渐变方向,一般采用体块为基本元素,适合小型公共艺术。现成品公共艺术也可以采用单向渐变形式。

　　(2)多向水平渐变。

　　单向渐变构成形式简单,如要提升艺术感染力,需要增加渐变轴心,成为多向水平渐变,比如赫伯特·拜尔的《双重阶梯》就拥有两个渐变轴。多向水平渐变依然以体块为基本元素,因此一般采用水平布置。双轴心为作品带来了其他基于渐变的构成作品很难实现的对称与均衡感,从各个角度实现了渐变的视觉美感。

　　(3)多向垂直渐变。

　　如果选用线条为基本元素,那么渐变的方向更多趋向垂直,以达到轻盈且富于视觉冲击力的美感效果。多向垂直渐变构成的设计要点在于基本元素的间距与展开角度。这种设计方案需要准确定位轴线,最后准确把握基本元素间的距离,即旋转方向。

　　(4)空间渐变。

　　空间渐变构成即在多个方向、多个维度进行渐变,往往超出艺术家个人的空间想象力。参数化设计的普及使创造更为复杂、规整的空间渐变形态公共艺术成为可能

课后习题	以几何形体为基本元素,运用渐变设计方法完成一项公共艺术概念设计,要求作品符合形式美法则

　　渐变构成公共艺术如图 0-17 至图 0-19 所示。

✳ 图 0-17　拜尔的《双重阶梯》

✳ 图 0-18　拜尔位于丹佛设计中心的《铰接墙》

✳ 图 0-19　位于瑞士的空间构成公共艺术作品

第八学时　重复与均衡

教学目标	使学生熟练掌握利用重复与均衡的构成法则展开公共艺术设计的要点,提升审美能力,活用设计技巧
教学重点	以比尔和莱维特的经典重复构成作品与罗萨蒂的均衡作品为例,结合环境、材料、工艺等知识点讲解,要求学习者能够将构成法则活学活用,并具有针对环境特点展开设计的能力
教学难点	均衡是构成中一个较难掌握的概念。一般来说,对称的形象、形体必然是均衡的,但均衡的形象、形体不一定对称。其他领域的艺术设计追求的是视觉上的均衡,但是对公共艺术创作来说,设计者采用不对称构图后,还要实现各个角度上、物理意义上的均衡,从而降低作品的工艺难度,避免个别节点受力过大,提高安全性
教学方法与手段	课堂多媒体教学,重点为构成的基本概念与重复和均衡的形式美法则;注重启发性教学,强调作业范例讲解分析
板书设计	一级标题:课程名称。二级标题:单元名称。三级标题:重复构成、均衡构成。另有部分需要强调的知识点

教学进程	
本学时内教师的主要活动	借助多媒体与板书进行课堂教学,通过提问与互动掌握学生的理解程度,进行作业讲评
本学时内学生的主要活动	听教师讲授重点知识,根据教学内容设计展开设计思路,在特定环节进行小组讨论

教学内容

对称与均衡都是重要的形式美法则。对称的事物一定均衡,但均衡的事物不一定对称。视觉上的平衡机制和物理上的平衡机制并不完全一致,利用这种机制可以设计视觉上具有强烈动感但实际上稳定的作品。在公共艺术中,在兼顾物理稳定性与视觉动感之间,营造均衡感主要可以通过以下三种方式。

(1)重心调整。

重心调整是将面积、体积较大的形体布置在距重心距离不等的地方以实现均衡感,或者通过作品与基座一方一圆的特殊处理来达到这个效果,一般适合小尺度作品。

(2)对置。

对置是将形状接近的形体按照相对的角度布置,从而在不对称中实现均衡感,同样适合小尺度作品,多见于日本。

(3)体积相当。

体积相当适合大尺度作品,多元化多角度的基本元素经过复杂组合后,左右、上下保持着相近的体积。美国艺术家亚历山大·利伯曼(Alexander Liberman)运用不同直径的金属管间斜切后得到的断面,综合运用统一、对比、变化、均衡等形式美法则进行组合

课后习题	要求以几何形体为基本元素,运用重复和均衡设计方法完成一项公共艺术概念设计,要求作品符合形式美法则

重复与均衡如图0-20至图0-22所示。

❊ 图0-20 比尔在进行重复构成公共艺术的探索

❊ 图0-21 位于瑞士苏黎世的重复构成公共艺术

❊ 图0-22 利伯曼以斜切管件为基本元素构建的作品

第九学时 节奏与调和公共艺术

教学目标	使学生熟练掌握利用节奏与调和构成法则展开公共艺术设计的要点,提升审美能力,活用设计技巧
教学重点	以有较大影响的经典公共艺术作品,如比尔的《继续》为实际案例,辅之以环境、材料、工艺等知识点讲解,要求学习者能够将韵律、节奏和调和法则活学活用,并具有针对环境特点展开设计的能力
教学难点	节奏与韵律是相对抽象的形式美法则概念,可借助另一种抽象艺术形式——音乐进行介绍
教学方法与手段	课堂多媒体教学,重点为构成的基本概念与韵律、节奏、调和的形式美法则;注重启发性教学,强调作业范例讲解分析
板书设计	一级标题:课程名称。二级标题:单元名称。三级标题:线构成体现韵律、面构成体现韵律、体构成体现节奏、体构成体现调和。另有部分需要强调的知识点
教学进程	
本学时内教师的主要活动	借助多媒体与板书进行课堂教学,通过提问与互动掌握学生的理解程度,进行作业讲评
本学时内学生的主要活动	听教师讲授重点知识,根据教学内容设计展开设计思路,在特定环节进行小组讨论
教学内容	

(1)线构成体现韵律。

线构成是伯尼特等艺术家广泛采用的公共艺术创作方法。合理处理作为基本元素的线段,是体现韵律的主要途径。阿根廷裔的巴黎设计师巴勃罗·雷诺索(Pablo Reinoso)就设计过一个座椅,全长9米,以三根横截面为长方形的钢带创作,充分运用繁简、疏密得当来营造运用感,并通过钢带的合并提供乘坐休息功能。

(2)面构成体现韵律。

在几何学中,面是线移动的轨迹,面材具有平薄和扩延感,构型手法较多,插接、卷曲等不一而足。乌尔姆设计学院院长马克斯·比尔创作于法兰克福的《继续》就是使用了多重莫比乌斯环营造富于韵律感的形体。

(3)体构成体现节奏。

体是比点和线更具表现力的基本元素,但其自身体积不适于表现韵律,对较为简单的节奏相对比较适合。美国极简主义艺术家托尼·史密斯(Tony Smith)创作于美国劳工大厦庭院的《必须服从她》就是这方面的成功案例。

(4)体构成体现调和。

对比与调和也是重要的形式美法则之一。在设计艺术中,对比往往指作品形态、色彩、尺度等打破过分统一的手法,可以打破呆板僵化的局面。但过分强调对比又会使作品不同部分相互对立,因此就需要将对比的两方面加以协调统一,确立支配与从属的主次关系,以使作品达到臻于完美的境界。澳大利亚艺术家克莱门特·麦德摩尔(Clement Meadmore)创作的一系列作品,就通过横截面为正方形、整体扭转的方法达到对比与调和的目的,直线与都市建筑环境产生对比,曲线为都市环境带来丰富的变化

课后习题	以几何形体为基本元素,运用节奏、韵律和调和等构成设计方法完成一项公共艺术概念设计,要求作品符合形式美法则

节奏与调和公共艺术如图 0-23 至图 0-26 所示。

※ 图 0-23　巴勃罗·雷诺索的作品

※ 图 0-24　《继续》其实是多个莫比乌斯环的套接

※ 图 0-25　《必须服从她》全景

※ 图 0-26　《必须服从她》局部

>>>>>> 3. 设计要素

设计要素是公共艺术与雕塑、绘画、建筑等其他艺术形式区别的关键,是定义一件公共艺术的特征。设计要素包括能动特性、环境特性以及功能特性等。经过多个学期的实践,该部分内容精简为 6 个学时。

第十学时　风动公共艺术

教学目标	使学生了解作为公共艺术设计要素之一的能动性,了解该领域经典作品,掌握相关知识结构,并具有相关设计能力
教学重点	以考尔德、乔治·里奇和新宫晋等该领域代表人物为例,讲授能动型公共艺术大家族中数量最多的风动公共艺术
教学难点	处理能动型公共艺术必需的结构问题,了解力臂平衡等技术问题,掌握有关材料特性
教学方法与手段	课堂多媒体教学,重点为构成的基本概念与重复和均衡的形式美法则;注重启发性教学,强调作业范例讲解分析
板书设计	一级标题:课程名称。二级标题:单元名称。三级标题:考尔德、里奇。另有部分需要强调的知识点

续表

教学进程	
本学时内教师的主要活动	借助多媒体与板书进行课堂教学,通过提问与互动掌握学生的理解程度,进行作业讲评
本学时内学生的主要活动	听教师讲授重点知识,根据教学内容设计展开设计思路,在特定环节进行小组讨论

教学内容

使艺术实现动感是历代艺术家一直以来的理想,从《萨莫色雷斯胜利女神》到《空间中独特性的连续形式》无不如此。进入 20 世纪,随着新理念的出现与新技术、新材料的支撑,能动雕塑走上艺术舞台,并产生了延续至今天都行之有效的艺术形式。

(1)艺术化。

早期风动公共艺术的代表人物是美国艺术家亚历山大•考尔德(Alexander Calder)。由于他的不懈努力,与存在主义大师萨特的支持与理论宣传,活动雕塑成为艺术中的"显学"。由于时代限制,早期风动公共艺术与手工创作有着更紧密的联系,更强调个人灵感与经验。在从艺术实验向工程实践转型的过程中,考尔德注意到添加基座以提升稳定性与风动叶面的尺度差等问题。从 1958 年为联合国教科文组织总部设计的《螺旋》开始,带有固定基座、枢轴、随风摆动的叶片的彩色雕塑形式就逐渐成为考尔德的象征。

(2)工业化。

工业化风动公共艺术对力学结构、机械加工精度有更高的要求,往往经过结构强度试验或风洞测试,从形式上体现着工业时代和机械文明的独特美感。美国艺术家乔治•里奇依靠为轰炸机设计炮塔的经验,妥善处理了枢轴与重量分配等问题,大幅提升了风动公共艺术的技术含量。一些重量较轻的针叶状作品甚至经过风洞测试,结构强度很高。以里奇为代表的工业化风动公共艺术普遍具有设计加工过程工业化程度高,占用人力资源少等优点。

(3)生态化。

数字时代的风动公共艺术更多向科技化发展,技术含量提高,强调生态环保,注重提升能源可再生效率。英国默西河畔的《未来之花》就是这方面的代表。法国 New Wind 集团研究开发的"Wind tree"更是利用植物仿生原理,利用叶片状结构捕捉都市中大量细碎风力用于发电,并利用单晶合金铸造技术提高叶片抗高温能力,体现出生态化风动公共艺术的特点

课后习题	单独或综合运用风动原理,完成一项能动要素的公共艺术概念设计,要求添加相应设计元素、形式新颖、符合基本的形式美法则

风动公共艺术如图 0-27 至图 0-29 所示。

❋ 图 0-27　华盛顿国家美术馆东馆中的《动态》

❋ 图 0-28　里奇的风动公共艺术体现工业时代的特征

※ 图 0-29　风动公共艺术适合海滨环境

第十一学时　利用反射与环境互动

教学目标	使学习者能够做到针对特定空间形态设计形式优美、尺度适当的公共艺术作品、针对环境特征选择作品材质、工艺等,从而使作品与环境紧密融合
教学重点	重点是如何利用不锈钢,特别是不锈钢球体的反射特性映射周边环境景物,从而使设计出的公共艺术作品融入周边环境并实现与人互动
教学难点	利用不锈钢材质的反射能力进行公共艺术设计,需要对材料的加工工艺有较好的把握,因为这是作品能否达到预期艺术效果的关键;要对周边环境有更深的了解,因为这类作品通过反射融入周边环境,周边环境的主要色调、交通流线等都对作品有很大影响
教学方法与手段	课堂多媒体教学,重点为不锈钢的反射特性以及如何利用这种特性开展设计;注重启发性教学,强调作业范例讲解分析
板书设计	一级标题:课程名称。二级标题:单元名称。三级标题:《水之星》、井上武吉、波尔·贝瑞。另有部分需要强调的知识点
教学进程	
本学时内教师的主要活动	借助多媒体与板书进行课堂教学,通过提问与互动掌握学生的理解程度,进行作业讲评
本学时内学生的主要活动	听教师讲授重点知识,根据教学内容设计展开设计思路,在特定环节进行小组讨论

续表

教学内容

20世纪80年代以来,在世界范围内兴起了一股依靠高度抛光的不锈钢和其他金属电镀工艺实现对周边景物的反射,从而与人高度互动,与环境紧密联系的公共艺术中创作浪潮。其主旨是利用物理效应来探索作品与周围环境的关系。这个潮流由于形式新颖、方法相对渐变,在世界范围内得到广泛应用,特点是采用的基本形体以球体为主,主要是因为球体可以全方位反射周边事物,没有死角,而且加工工艺便捷。

(1)球体集中布置。

球体集中布置即运用尺度适当的单一球体作为反射周边环境的主题,对环境适应性强。日本艺术家井上武吉的《我的天空洞》就是这个方式最具代表性的作品。

(2)球体分散布置。

如果环境对作品尺度有特别要求,艺术家也会通过多个小型球体组合布置实现自己的艺术主张。波尔·贝瑞设计的法国王宫广场喷泉就是此方式的代表。

(3)特异形体。

特异形体以安尼施·卡普尔(Anish Kapoor)设计于美国芝加哥千禧广场的《云门》(Cloud Gate)与另一件代表作《天镜》为代表。对特异形体进行抛光处理以反射周边环境也成为近年来世界公共艺术创作设计领域的新兴趋势。日本的伊藤隆道等人也在从事类似实践

课后习题	利用球体的反射原理,完成一项能够与环境实现高度互动的公共艺术概念设计;可添加元素,要求形式新颖,符合基本的形式美法则

利用反射与环境互动如图 0-30 至图 0-34 所示。

※ 图 0-30　法国王宫广场喷泉

❋ 图 0-33　在狭窄空间的不锈钢球体可以纵向
串列布置

❋ 图 0-31　卡普尔的《天镜》

❋ 图 0-32　《云门》的反射与曲线营造了离奇的视觉体验

❋ 图 0-34　日本艺术家伊藤隆道的《三个回转》

第十二学时　根据交通流线布置公共艺术

教学目标	学习者掌握将公共艺术作品与交通流线结合,通过使作品底部通透保证行人穿过,达到节省空间的效果,并在过程中实现当代公共艺术中很重要的一点——互动性
教学重点	与交通流线交叉对公共艺术作品和人居环境的益处;设计与交通流线交叉的公共艺术作品时应该注意的问题
教学难点	和用基座与公众分开的传统雕塑相比,介入交通流线的公共艺术设计时需要了解人类趋近性等行为特征,基于这种行为特征设计作品
教学方法与手段	课堂多媒体教学,重点为案例介绍以及相应环境行为心理学基本概念;注重启发性教学,强调作业范例讲解分析
板书设计	一级标题:课程名称。二级标题:单元名称。三级标题:考尔德、利伯曼、《倾斜之弧》的转折、日本类似公共艺术。另有部分需要强调的知识点
教学进程	
本学时内教师的主要活动	借助多媒体与板书进行课堂教学,通过提问与互动掌握学生的理解程度,进行作业讲评
本学时内学生的主要活动	听教师讲授重点知识,根据教学内容设计展开设计思路,在特定环节进行小组讨论

教学内容(估计各步所需时间)

(1)从古罗马延续下来的广场与雕塑的传统,是围绕雕像组织空间序列和铺装样式。在整个欧洲,从文艺复兴时期到20世纪后半叶,这个组织形式为各大广场设计所采纳。

(2)20世纪70年代起,公共艺术、广场和交通流线三者的关系开始被广泛重视,考尔德的作品在与公众互动、介入交通流线时取得了较大的成功。

(3)《倾斜之弧》在介入公共交通流线方面过于激进,激起了民众的抵触而被拆除,成为公共艺术与交通流线关系的转折点。

(4)芝加哥千禧广场以整体化、前瞻性的设计,和《云门》《皇冠喷泉》等一系列技术与美学价值均很突出的公共艺术杰作一起,成为21世纪初处理艺术品与交通流线关系的最典型范例。

(5)进入21世纪第二个10年,加拿大小城温尼伯市千禧图书馆广场的主体公共艺术 *Emptyful* 采用二维剪影方法,综合运用水体和照明等能动要素,获得巨大成功。

课后习题	根据对交通流线的知识掌握,在场地调研基础上,综合运用二维、现成品等多种设计方法,进行公共艺术概念设计

根据交通流线布置公共艺术如图0-35至图0-38所示。

✳　图0-35　考尔德的《火烈鸟》在跨越交通流线方面进行了早期探索

✳　图0-36　不妨碍交通流线为公共艺术作品的布置提供了极大便利

✳　图0-37　托尼·史密斯的作品通过形体调整供人穿越

❋ 图 0-38 芝加哥千禧广场上的《皇冠喷泉》

第十三学时 提供休息功能的公共艺术

教学目标	学会如何在公共艺术作品上增加休息、取水、照明、改造市政设施等多种功能,掌握人体工程学、工业设计等相关学科的知识
教学重点	掌握一定人体工程学知识,学习根据不同人体休息坐姿开展公共艺术设计,使之既具有形式美和主题思想,又能达到环境要求
教学难点	公共艺术品在实现功能的同时,更要显现自身的形式美感与艺术独创性,这正是其与更注重功能的"城市家具"的区别之处
教学方法与手段	课堂多媒体教学,重点为案例介绍以及相应环境行为心理学基本概念;注重启发性教学,强调作业范例讲解分析
板书设计	一级标题:课程名称。二级标题:单元名称。三级标题:麦基、斯特科、人体工程学。另有部分需要强调的知识点

教学进程	
本学时内教师的主要活动	借助多媒体与板书进行课堂教学,通过提问与互动掌握学生的理解程度,进行作业讲评
本学时内学生的主要活动	听教师讲授重点知识,根据教学内容设计展开设计思路,在特定环节进行小组讨论

续表

教学内容

具有实用功能是公共艺术与传统雕塑最显著的区别。虽然供人休息是公共艺术最主要的功能,但重要性在艺术主题表达之后,这与单纯提供功能的"城市家具"不同。尽管如此,公共艺术设计依然需要借鉴家具设计。对坐姿的分析是家具设计中最重要的因素,因此从人体工程学和环境行为心理学的角度分析需求和坐姿是提供休息功能的公共艺术设计的首要要素。

(1)坐姿分析。

人的坐姿随着环境和功能变化而不同,适合小憩姿势、休息姿势、作业姿势和倚靠姿势的坐椅高度为 300~800 mm。虽然在特定环境下可以针对目标人群进行更准确的设计,但公共艺术位于公共空间中,采取开放型的设计以提供尽可能多样化的休息功能是目前的主要趋势,如丹尼尔·布伦对法国巴黎王宫广场所做的条纹柱改造就设计了多种高度,可有效满足公众从休息到游乐嬉戏等功能。

(2)环境行为心理分析。

商业区或其他公众场所节奏快.适用人群彼此不熟悉,因此主要设置条形凳满足观景和休息需求。

商业区或其他公众场所的公共艺术可以设计圆形公共艺术座椅兼顾观景与交谈的需求。在这个方面,一些弧形公共艺术设计可以有效兼顾多种需求。

值得注意的是,还应在游戏类公共艺术附近结合艺术形式布置座椅,以满足陪同家长的需求。

(3)探索与艺术形式相结合。

基于公共艺术的特性,功能的提供必须与艺术形式巧妙结合,主要包括艺术化的座椅本身、抽象形式与具象形式。美国女艺术家朱迪·麦基的《铜猫长凳》就是典型的将休息功能与具象形式有机结合的公共艺术作品

课后习题	结合课上所学内容,进行环境调研和人群需求分析,完成一项能够提供休息功能的公共艺术概念设计,要求形式新颖,符合基本的形式美法则

提供休息功能的公共艺术如图 0-39 至图 0-41 所示。

❋ 图 0-39 凤凰城的《阴影游戏》可供人纳凉休息

❋ 图 0-40 麦克切斯尼位于伦敦天使大厦中庭的作品为午间休息的员工提供了理想去处

❋ 图 0-41 纽卡斯尔的公共艺术在提供功能的同时颇具趣味性

4. 设计主题

第十四学时 运用小动物特性的幽默公共艺术

教学目标	使学习者熟练掌握普通幽默的作用机制,学习利用小动物的不同特性开展设计,拓展知识范围,深化人文思考
教学重点	通过尺度上的反差、形体上的夸张及对传统形式逻辑的逆转等多种手段开展幽默性公共艺术设计,掌握利用幽默化解快节奏都市生活带给公共空间紧张氛围的能力
教学难点	小动物的造型问题可以通过抽象化和建模实现,但对部分在这个领域基础薄弱的同学来说有较大难度

续表

教学方法与手段	课堂多媒体教学,重点为案例介绍以及幽默概念;注重启发性教学,强调作业范例讲解分析
板书设计	一级标题:课程名称。二级标题:单元名称。三级标题:尺度、行为特征、拟人特征。另有部分需要强调的知识点
教学进程	
本学时内教师的主要活动	借助多媒体与板书进行课堂教学,通过提问与互动掌握学生的理解程度,进行作业讲评
本学时内学生的主要活动	听教师讲授重点知识,根据教学内容设计展开设计思路,在特定环节进行小组讨论
教学内容	

（1）突出小动物习性。

在人们日常生活中占据重要地位的动物,特别是人们熟悉又不至于感到威胁的小动物,其形态、习性也是人们熟悉的,通过对这种形态、习性进行艺术形式或情节上的夸张处理,也能产生强烈的幽默效果。日本艺术家薮内佐斗司的《小犬步行》以及位于德国汉堡公园的《小鸭行路》都是这个领域的代表。

（2）变化小动物形体特征。

对小动物的形体特征进行适度的夸张、几何化或极简化都能够产生意想不到的幽默效果,成为公共环境中喜闻乐见的艺术品,如巴塞罗那希乌塔戴拉公园的《艾利斯的猫》将小动物的形体膨胀。将小动物的形体进行几何化、构成化同样能产生幽默效果。将小动物的形体进行简化、抽象与变形,也能产生幽默效果。

（3）利用小动物形态拟人。

让小动物模仿人的行为与神态是产生幽默感的重要手段,这种优越感是所有普通幽默的根源。巴里·弗拉纳甘创作的在美国圣路易斯华盛顿大学校园内的《岩石上的思想者》、科罗拉多州丹佛市收藏的《我知道你在想什么》（*I see what you mean*,也被称为蓝熊）是这个领域的代表作

课后习题	以小动物为基本元素,运用重复、夸张、抽象或拟人等手法完成一项赋予幽默特点的公共艺术概念设计,要求添加相应设计元素,形式新颖,符合基本的形式美法则

运用小动物特性的幽默公共艺术如图 0-42 和图 0-43 所示。

图 0-42　劳伦斯位于萨克拉门托国际机场的《跳》以野兔为原型

图 0-43　德国的《小鸭行路》

第十五学时　表现当代主题的公共艺术

教学目标	了解世界范围内利用当代公共艺术形式重新诠释纪念碑这种历史悠久的艺术形式,学习如何使对英雄、对重大事件的纪念以一种更为有效的新方式进入当代人心中,具备人文思考能力并掌握相应设计方法
教学重点	在公共艺术时代,利用传统造型手段诠释爱、生命等具有永恒性的话题;利用公共艺术时代的创作思维与方法表现传统的纪念主题
教学难点	很多深刻思想的表达需要传统的雕塑造型手法,很多年轻学子对社会认识的程度还有待加深,因此这部分不对学习效果和设计进度做硬性规定

	续表
教学方法与手段	课堂多媒体教学,重点为案例介绍以及公共艺术严肃主题的相应概念;注重启发性教学,强调作业范例讲解分析
板书设计	一级标题:课程名称。二级标题:单元名称。三级标题:爱、生命、历史等题材。另有部分需要强调的知识点
教学进程	
本学时内教师的主要活动	借助多媒体与板书进行课堂教学,通过提问与互动掌握学生的理解程度,进行作业讲评
本学时内学生的主要活动	听教师讲授重点知识,根据教学内容设计展开设计思路,在特定环节进行小组讨论
教学内容	

(1)表达时代主题。

公共艺术能够运用传统雕塑决不会采用的形式语言,表达相当丰富的人文内涵,包括利用人体形象表现相对深刻的时代主题、利用新颖形式表现爱与正义等永恒主题、利用新形式表达沉重严肃的纪念主题。

(2)表达永恒主题。

除了利用新兴艺术形式与前卫造型语言,艺术家还可以通过表现不受科技进步与社会思潮变化影响的永恒话题,比如爱、友谊、信仰、生命等,在公共空间展现严肃思考与人文关怀,亨利·摩尔和波特罗就是杰出代表。摩尔的《斜倚像》被公认为生命和力量的象征,有着清晰的灵感来源与演变过程。哥伦比亚艺术家波特罗用膨胀的形象表现人性中的细腻一面,展现自己对童年母爱的回忆,也唤起了都市人内心对更温暖的理想世界的普遍渴望。

(3)表达纪念主题。

公共艺术作为一种处理艺术与人、艺术与空间关系的全新思路,不但能够活跃空间视觉观感、为大众提供特定功能,还能重新诠释纪念碑这种历史悠久的艺术形式,令对英雄、对重大事件的纪念深深走入当代人心中,可谓"旧题新解"。南非艺术家马尔科·钱法内利(Marco Cianfanelli)设计的曼德拉纪念雕塑,是由 50 根 10 m 高的炭色钢柱组成的雕塑作品,观众站在距离它 35 m 的位置才能欣赏到最完整的效果。钢柱不但形成曼德拉的头像,也形象地喻指"铁狱生涯",以纪念逝者为反抗种族压迫所做出的牺牲与贡献

课后习题	以课上讲授内容为基础,借鉴经典案例,进行公共艺术主题探索,并融入之前的概念设计中使其完善

表现当代主题的公共艺术如图 0-44 所示。

✳ 图0-44　南非的纳尔逊·曼德拉纪念碑采用了
新颖的造型方式,设计者是 Marco Cianfanelli

5. 排版训练

第十六学时　公共艺术设计排版训练

教学目标	结合同学们在历次公共艺术课程作业排版中的反复实践,从公共艺术设计排版的特性、共性、前提、形式美法则、具体类型和次要要素等角度加以总结提炼,对学习者排版水平提高起到积极作用
教学重点	综合排版定义和公共艺术特点。我们可以将公共艺术设计排版的概念归纳为必须在有限空间内,将图形、文字等版面构成要素,根据需要进行组合,并利用适当的底色进行符合艺术化的整理

续表

教学难点	正确、客观理解公共艺术设计排版与建筑、规划、室内设计等相关领域排版的异同点,合理处理各方面要素、对待各方面关系
教学方法与手段	课堂多媒体教学,重点为案例介绍以及正确排版方法的示范;注重启发性教学,强调作业范例讲解分析
板书设计	一级标题:课程名称。二级标题:单元名称。三级标题:前提要素、形式美法则、具体类型等。另有部分需要强调的知识点
教学进程	
本学时内教师的主要活动	借助多媒体与板书进行课堂教学,通过提问与互动掌握学生的理解程度,进行作业讲评
本学时内学生的主要活动	听教师讲授重点知识,根据教学内容设计进行排版训练,在特定环节进行小组讨论
教学内容	
	(1)公共艺术设计排版的特性与共性; (2)公共艺术设计排版的前提要素; (3)公共艺术设计排版的形式美法则; (4)公共艺术设计排版的具体类型; (5)公共艺术设计排版的次要因素
课后习题	进行优秀排版学习分析,在作业中进行实践以求得最佳效果

0.3　训练与评价

随着课程建设程度的深化,教学目标的调整,相对应的评价方式也要进行变更。对"设计与人文——当代公共艺术"这门兼具理论与实践特点的课程来说,公共艺术设计不但是对教与学成果的全面考核,更是学习的重要组成部分。对学习者设计方案的当堂或线上一对一辅导,是该课程从建设之初就一以贯之的传统,取得了丰厚的成果,得到了同学们广泛认同。

1. 课程评价方式的演进

在课程建设之初,针对公共艺术专业成为《普通高等学校本科专业目录(2012年)》中设计学类

下的8个专业之一的新形势,教师注重面向不同艺术专业学习者开展教学,注重创意思维培养,对方案设计的环境等制约因素不做太多要求,并在"公共艺术创意设计"课程中安排了"延展阅读"和"思考与行动"等环节。作业形式也是多种多样的,草图或表现图形式的作业可以活页的形式粘贴在教材特定区域,以记录学习历程。

随着"设计与人文——当代公共艺术"课程在天津大学开设,学习者涵盖数十个专业,既包括建筑、规划等专业课程就与艺术表现关系较紧密的专业,又包括土木工程、工业设计、自动化、环境工程、工程管理等专业。教师要摆脱测验和以分数判断

学生价值的陈旧方法,采用综合评价手段,允许学习者根据自身爱好、特长,任选公共艺术设计和公共艺术专题研究两种方式中的一种结课。学习者可以随时根据进度在课堂上通过PPT汇报方案或论文进展,更全面客观地评价教学成果。该课程在教学中特别强调设计和专题研究都要紧密结合自身专业,通过成果反馈,可以归纳出哪些专业在面向未来的公共艺术实践中占有更大优势。这个阶段的方案设计评价采取小作业与大作业复杂程度不同的评价思路:小作业可任选现成品复制、二维图像拉伸等设计方法,以单体公共艺术为主;大作业在周期和复杂程度上有较大提高,重点考察系列公共艺术的设计能力,侧重一主一次的形式。

2015年后,随着课程学习者中建筑学、城乡规划专业以及环境设计专业同学比例不断增加,他们对课程所学与专业学习结合起来的要求提高了,也具有一定的表现能力。因此课程开始在兼顾专业学习和通识学习的基础上,根据学习者身份不同有所侧重,对其他专业同学侧重通识学习,对建筑学、城乡规划和环境设计的同学则强调专业的一面。在了解世界知名案例的基础上,在正确运用设计方法的背景下,针对具体环境开展公共艺术设计,是有效提高学习者设计能力的评价方式。因此,课程逐步改变2～3次小作业和1次大作业的形式,改为由案例分析(2周)、概念设计(4周)和基于特定环境的公共艺术设计(6周)的三个作业组成,由易到难,分别占成绩的10%、20%和70%,综合考察从知识积累到技能掌握的方方面面。经过反复斟酌与甄选,我们确定了8种主要环境:公园环境、广场环境、步行街环境、大学校园环境、亲水环境、生态环境、建筑内外环境、道路沿线环境。这8种环境基本概括了当今公共艺术实践的主要场所,也能组成相对完整的城市环境,兼顾物理环境、人文环境的不同要求,且易于进行基地调研。

2.任务书拟定

课题名称:基于特定环境的公共艺术设计。

(1)方案必须基于特定基地展开,并契合所在基地的形态、尺度与人文背景。提供八个选项:公园环境、广场环境、步行街环境、大学校园环境、亲水环境、生态环境、建筑内外环境、道路沿线环境。

①可以是实地调研,即周边现实基地。

②可以是有充足图像及背景资料,但未实地调研的场地。

③可以自建环境。

(2)方案须交替或统一使用成品复制、二维图像拉伸及构成的设计方法。方案必须考虑作品与周边环境之间的相互关系。作品须具有形式美感。

(3)作品必须具有一到两种公共艺术设计要素,如功能性、能动性等。鼓励进行复杂环境及能动性尝试。

(4)鼓励方案进行主题表达方面的探索,并与社会生活有交集。

表现方式:软件、手绘、手工模型。

图纸尺寸及内容:基地分析(含图、文)、灵感来源说明(含图、文)、多角度效果图、尺寸标注、功能示意图、节点图(可选)、形式逻辑生成(可选)、设计说明。

图纸尺寸及数量:1号图(841 mm×594 mm),1～2张。

周期:6周。

3.考察点与分值

根据学习者的基本情况,确定五个主要考察点:环境契合度、主题意义、形式美感、功能便利性与图纸表达。

	1～5分	6～8分	9～10分
环境契合度	与所选环境契合程度不理想,甚至存在抵触之处	仅一个重要角度与所选环境有较高契合度	与所选环境从物理和人文两个角度均有较高契合程度
主题意义	没有注重主题意义表达,或以构成美感为主,不适合表达主题意义	能够传达具有普遍性的主题,如环境保护、适度使用智能设备等	比较深地切入社会生活层面,成功表达艺术主张,唤起公众关注
形式美感	设计方法不正确,仅符合少数形式美法则,色彩、材质、肌理等都表现不当	设计方法基本正确,符合大多数形式美法则,色彩、材质、肌理等有一项到两项表现不当	设计方法运用得当,符合形式美法则,色彩、材质、肌理等表现得当
功能便利性	基本没有考虑到功能提供,缺少与公众互动的途径	考虑到功能提供,人体工程学原理运用基本合理,但功能提供较生硬,与形式结合不自然	充分考虑功能提供,人体工程学原理运用合理,功能提供与形式结合理想
图纸表达	工作量达到要求,图纸类型、表达逻辑和视觉效果中有两项不理想	工作量比较充足,图纸类型、表达逻辑和视觉效果中有一项不理想	工作量充足,图纸类型丰富,逻辑清晰,视觉效果突出

第1章

休闲与互动——公园环境
公共艺术的设计特点

XIUXIAN YU HUDONG——GONGYUAN HUANJING
GONGGONG YISHU DE SHEJI TEDIAN

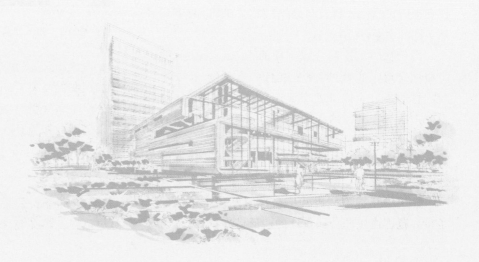

公园是重要的休闲场所,也是室外环境的主要类型之一,在人类社会生活中发挥着不可替代的作用。对于当代公共艺术设计来说,公园是重要环境。

本书的重点集中于设计视角下的公共艺术,因此本书并不将传统雕塑与公园的结合——雕塑公园作为重点介绍。事实上,雕塑公园是以雕塑作品为主要景点的公园,以绿化、铺装来补充突出雕塑作品的艺术效果,是雕塑艺术发展中出现的具有旺盛生命力的文化现象。雕塑公园将原本在室内进行的雕塑展览移到了更为广阔、更具公共性的室外,起到了"露天雕塑博物馆"的作用。现今的雕塑公园中相当一部分是在原有公园基础上建设的,如日本北海道旭川市的常磐公园于20世纪70年代和80年代布置了多件雕塑作品后,曾申请成为雕塑公园,是普通公园向雕塑公园转型的例子。国际上最负盛名的雕塑公园包括挪威维格兰雕塑公园、日本岩手町国际雕塑公园等。

对于设计专业的学习者来说,更具有参考价值的是从形态、布局、色彩甚至主题都与公园一体化设计的大型公共艺术。在这方面,法国巴黎拉·维莱特(la Villette)公园就是最具代表性的例子。

1.1 公园环境公共艺术经典案例——拉·维莱特公园与《掩埋的自行车》

1. 项目概况

拉·维莱特公园位于法国巴黎城市东北角,远离城市中心。由于地处边缘、大量移民来此居住,以及批发市场开设于此等原因,此公园成为混乱之地。1973年,雄心勃勃的法国总统密特朗提议在此地兴建包括国家科技展览馆在内的大型科技文化设施,并将此工程列入当时巴黎的九大"总统工程"。国际设计竞赛经过层层遴选,最终选出瑞士和法国双重国籍的建筑师伯纳德·屈米(Bernard Tschumi)的方案。该方案集中了屈米本人的解构主义思想,将点、线、面三个各自独立的系统叠加,构成公园的所有动线和平面,来展示"科技与未来"和"艺术"这两个截然不同的主题(见图1-1)。

"点"指的是控制公园平面的120m×120m的方格网交点上布置的26个红色的点景物(folie)。"线"指的是公园内部的交通空间,包括长廊、林荫道和一条贯穿全园的小径,这条小径联系了公园的十个主题园。"面"指的是十个主题园,包括镜园、恐怖童话园、风园、雾园、竹园等。拉·维莱特公园的点、线、面系统如图1-2所示。

拉·维莱特公园因其革命性的设计思路引起了世界范围内主题公园设计的广泛借鉴,当然也引

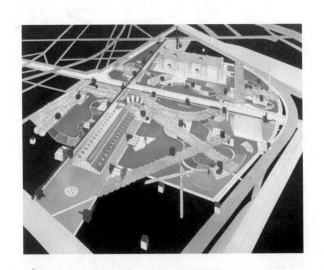

❋ 图1-1 拉·维莱特公园场地模型

来了造价昂贵、更像游乐场而非亲近自然场所等批评。但我们需要看到该方案设计师的初衷,即如何将公众重新吸引到城市公园来并使之成为21世纪城市公园的样板。

2. 拉·维莱特公园中建筑师的公共艺术作品

拉·维莱特公园是建筑师介入公共艺术设计的最早范例。事实上,拉·维莱特公园中由屈米设计

是一件带有实用功能的艺术品,内部可作为球幕全景电影院。

由于《水之星》太大,必须运用拼接工艺,球体表面的三角形拼接痕迹清晰可见。最后完工的效果十分理想,甚至可以说为 21 世纪初的《云门》提供了一定的灵感(见图 1-5)。

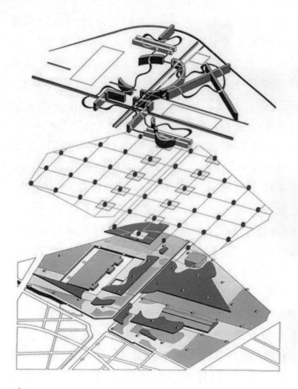

图 1-2　拉·维莱特公园的点、线、面系统

的 26 个点景物(folie)也被认为是公共艺术作品。这些点景物有的仅作为景观小品存在,富于形式感,有的则具有信息中心、咖啡吧、手工艺室等功能。屈米设计的红色点景物如图 1-3 所示。

图 1-3　屈米设计的红色点景物

建筑师阿德里安·凡西尔贝(Adrien Fainsilber)为公园设计了《水之星》(见图 1-4)。从远处看,巨大的金属球体反射着阳光和周边景物,具有极强的科幻色彩和超现实意味。但实际上这

图 1-4　《水之星》抛光的表面形成对环境的高度反射

图 1-5　《水之星》与周边环境设计十分协调

由于功能和尺度原因,《水之星》不能形成完整的球体,因此,设计师巧妙地将球体底部浸入水中,使观众的视知觉感受到球体的完整形态。同时,高度抛光的不锈钢材质与水体结合,产生了灵动感和升腾感,视觉变化更为丰富,更好地与周边建筑相协调,更好地融入环境。《水之星》的施工过程和内部如图 1-6 和图 1-7 所示。

※ 图 1-6 《水之星》的施工过程

※ 图 1-7 《水之星》的内部

3. 奥登伯格《掩埋的自行车》

拉·维莱特公园中最知名的公共艺术非奥登伯格的《掩埋的自行车》(*Buried Bicycle*, 1990)莫属。这是奥登伯格系列公共艺术作品中占地面积最大的一组。作品选用了一种和法国颇有渊源的现成品——自行车作为主要元素。这个元素的选择来自流亡法国的爱尔兰作家萨缪尔·贝克特1952年的作品《莫洛伊》。书中主人公莫洛伊从自行车上摔下,发现自己躺在沟里而无法认知任何事物。这个故事和贝克特的代表作《等待戈多》同样荒谬却引发人对生存处境的深刻思考,是描述人类体验和人类意识作用的杰出作品。同时法国还是自行车的诞生地,并拥有享誉世界的环法自行车赛。另外,奥登伯格在创作过程中还特别提到了两

位现代艺术大师——毕加索和杜尚利用自行车现成品进行的艺术实践。艺术大师毕加索于1943年创作了《公牛头》,通过对自行车座和车把形态的观察、提炼和重新组合,使现成品具有了生命的意义。《掩埋的自行车》与公园和红色点景物保持着和谐的尺度与色彩关系,如图1-8所示。

在综合考虑了公园场地的广阔面积后,奥登伯格决定作品应具有较大尺度并由露出地表的实体和地下的虚空部分按自行车的特定结构组成,这也是公共艺术设计中"笔断意连"方法的绝佳体现。"笔断意连"要求选择适合进行分离布置训练的现成品。这种现成品必须具备一定的尺度、长度,即使被分离也具有可辨识性。如果是结构完整的复杂形体,则必须保持原有结构的完整性,处理好消失部分与显现部分的比例与逻辑关系。多位大师不约而同选择自行车作为现成品艺术的主要元素,就跟自行车外形特征鲜明、主要结构明确且暴露在外、拆卸组合便捷等因素分不开,如图1-9所示。

《掩埋的自行车》露出地表的有四个部分:车轮(2.8 m×16.26 m×3.15 m)、车把和车铃(7.22 m×6.22 m×4.74 m)、车座(3.45 m×7.24 m×4.14 m)、脚踏板(4.97 m×6.13 m×2.1 m)。作品的总占地面积近1000 m²(46 m×21.7 m)。这个尺度不是随意确定的,事实上,如果和公园中由屈米设计的点状构筑物(10 m×10 m)进行一定的对比,就会发现四个部分都没有超过这个尺度。因此,公园环境公共艺术设计应当与现存主要景观节点在尺度上保持统一,如图1-10所示。在颜色选择上,为了区别于公园内由屈米设计的红色小建筑,作品还选择了蓝色为主色调。

同时,设计者还根据公园的环境与功能特点,从尺度和工艺上,让每个单体都具备了游客,特别是儿童攀爬嬉戏的可能性,具有出众的互动特点。作品还与另一位家具设计师菲利普·斯塔克(Philippe Starck)的一组形式独特的座椅为邻。事实上,这组座椅的位置正是当初《掩埋的自行车》的规划位置,因此,奥登伯格旋转了作品踏板部分的角度。这个妥协反而提升了《掩埋的自行车》与环境的契合程度,因为当孩子们在玩耍时,家长们正好可以在这组座椅上交谈、休息,如图1-11所示。

✳ 图1-8 《掩埋的自行车》与公园和红色点
景物保持着和谐的尺度与色彩关系

✳ 图1-10 与乔木配合布置,降低了作品
巨大尺度的突兀感

✳ 图1-9 儿童正在作品上攀爬嬉戏

✳ 图1-11 布置上跨越草坪和硬铺装,并
与休息设施保持很近的距离

1.2 公园环境公共艺术设计要点

通过上述案例,公园环境公共艺术设计应当注意以下要点。

1. 与建筑环境统一

拉·维莱特公园公共艺术的大获成功可以为我们带来这样的启示:公园作为一个具有休闲功能、面积开阔的特殊场所,应能够做到公共艺术与公园内主要建筑尺度统一,色彩上形成统一或对比,同时在功能提供上也满足硬性要求。此类要求集中于大型公园。拉·维莱特公园和伦敦奥林匹克公园都包含诸多现代建筑,特别是后者内部有多座风格前卫的体育场馆,因此《轨道塔》和《奔跑吧》都注重形式求

新求异,提升了整个公园的艺术水准。

2. 与公园休闲氛围融合

公园是一个开放环境,需要公共艺术介入营造浓郁的休闲氛围。这样公共艺术就不能再像传统雕塑那样用基座与公众分开,公共艺术品设计时需要了解人类趋近性等环境行为心理特征,甚至基于这种行为特征设计作品形态。巴塞罗那考鲁公园中奇达利的作品和凤凰城公园中的《她的秘密在于耐心》甚至都采取了较为少见的悬挂或支离地面的安装方式,以最大限度满足人们的观赏需求并提供尽可能大的休闲空间。

>>>>> 3. 充分满足游戏需求

游戏是人类的本能,也是人类生存的基本需求之一。虽然游戏不是儿童的专利,但儿童、青年人在任何时候都是游戏活动的主力军,他们可以通过游戏释放多余的能量、掌握知识技能、学习交友能力与团队精神,对健康成长有诸多裨益。公园是满足成人的休闲需求的场所,也是满足儿童游戏需求的主要场所。虽然这个需求主要由专业人员设计

的儿童娱乐设施加以满足,但是如何增加公园活动区域,如何保证寓教于乐,如何保证游戏的连续性与可变性,特别是如何保证不同年龄段人们的游戏需求,公共艺术在这个领域大有可为。因此,有必要深入生活,结合游戏特征设计公共艺术作品形式。另外,此类作品对工艺要求更高,比如焊口必须打磨平整以免对幼儿造成伤害,作品的基础也要更加牢固,以防路人对作品有意无意的破坏。

1.3 作业范例详解

针对公园环境开展设计的同学较多,我们根据不同的侧重点挑选出五份富有代表性的作业加以详解,以检验公园公共艺术设计训练的成果。

作业 1 《突发新闻》

设计者:天津大学建筑学院建筑学四年级王珂。

指导教师:王鹤。

设计周期:6 周。

介绍:该方案位于某知名媒体大楼附近的公园中,具有鲜明的社会意识出发点。设计者将新闻暴力(新闻媒体过分追求新闻独家性、猎奇性而忽视被访者心理甚至干扰被访者正常生活、工作的现象)作为出发点。所选用的基本形态是极具视觉冲击力的,一群无良记者出于追求突发新闻的目的正在拍摄落水者,而忽视了施救。各种视觉符号的运用进一步使人不至于对表现的对象身份产生误解,进一步强化了效果。

环境契合度:8 分。

首先从物理环境关系上说,设计者在平面图中清晰阐述了作品的放置位置,以及与公园主要交通流线的关系,保证了作品的受众面尽可能广,又以草坪限制游客贴近,避免损坏作品。其次从人文角度说,作品也与媒体公园的总体环境氛围十分契合。

主题意义:10 分。

幽默与严肃两种主题是公共艺术重要的设计

出发点,特别是后者需要创作者对社会运行的内在规律有较深了解。该方案提出了一个尚未引起世人足够关注的严重社会问题,并利用视觉上的综合形式有效表达出来。在此年龄段,能做到这一点难能可贵。

形式美感:8 分。

该方案选用具象人物作为主要形体,因此其形式美评价标准就与构成等公共艺术有所区别。作品总体能够做到位置合理、疏密得当、形体准确和肌理丰富,形式美感较为理想。

功能便利性:6 分。

着重于严肃主题表达的公共艺术作品,一般都难以添加功能,所以这不应成为减分的原因。但美国新海军纪念碑广泛借助声光电、多媒体手段进行信息传达也可以成为理想的参照。

图纸表达:9 分。

排版新颖,巧妙利用主效果图顶部的天空空白安排其他内容,十分自然。形式逻辑生成过程步骤清晰。场地平面关系明确。设计说明及文字标注完整。

《突发新闻》如图 1-12 所示。

作业 2 《漂浮》

设计者:天津大学建筑学院建筑学四年级张涵。

指导教师:王鹤。

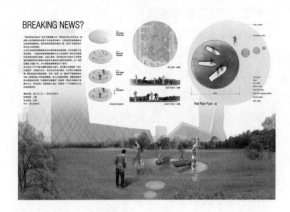

图1-12 《突发新闻》

设计周期：3周。

介绍：该方案主要从公园环境公共艺术满足游客休息需求的角度出发，充分借鉴关根伸夫在《空相》中的手法，别出心裁地将座椅等设施的支撑结构用高度反光的不锈钢制成，从而消解于无形。同时，作品利用气球艺术品制造座椅悬浮空中，不受重力影响的视错觉。整体结构简洁，便于制造加工。形态巧妙契合"漂浮"的主题，显得妙趣横生。

环境契合度：9分。

作品与休闲、游乐氛围浓厚的公园环境结合得比较紧密。形态与草坪等软质地面也比较契合。作品能够提供夜景灯光照明，能进一步提升环境契合度。

主题意义：8分。

利用气球与反射的支撑结构实现"漂浮"的视错觉不能算一个深邃的主题，但就其所处的环境、所要实现的功能来说是非常恰当的。作品通过太阳能电池板与透光新材料的使用，降低了能耗，具有一定生态意义，符合当前国际公共艺术主流趋势。

形式美感：8分。

造型简洁富有表现力，色彩鲜艳明快又便于区分，富有多样性。昼间、夜间视觉效果有显著区别，且均较为出色。

功能便利性：10分。

设计中充分考虑了人体工程学原理，形态合理。形式多样，既包括一般成人使用的座椅，又包括高度较低的儿童长椅，还包括高脚桌与玩耍设施等，可以供成人进行较长时间较充分的休息，也可以充分满足儿童游乐天性，用途广泛。

图纸表达：8分。

效果图注重氛围打造而非一味追求酷炫的视觉效果，但已经能够清晰阐述设计主题。图纸色调淡雅清爽，整体效果温和。细节阐述清晰、完整、富有合理性。唯一不足在于部分字体可更醒目。

《漂浮》如图1-13所示。

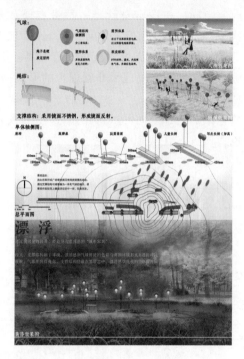

图1-13 《漂浮》

作业3 《拼图花海》

设计者：天津大学建筑学院建筑学四年级李石磊。

指导教师：王鹤。

设计周期：6周。

介绍：该方案结合一项国际竞赛展开，选址位于土耳其南部的安塔利亚。设计者希望运用公共艺术设计的手法营造一个服务于孩子的主题公园。公园不仅展示现有植物，也展示已灭绝的古代植物，使孩子在畅游花海时开阔视野并有所收获。

环境契合度：8分。

作品形式取自拼图，并放大其尺度，以钢柱支起形成内部空间，部分拼图掏空透过阳光，形成有意味的内部空间，与园博会整体环境有很高的契合度。

主题意义：8分。

该方案不但为公园环境设计，而且提出了更大胆的构想，即营造一个独立的花园。作品通过展示与园博会相关的现存植物与已灭绝的古代植物,达到寓教于乐的主题意义。作品以大陆板块为拼图图案的灵感来源,也更契合园博会的主题。

形式美感:8分。

作品以拼图为基本元素演进,立体化并形成丰富的内部空间。拼图本身就是一种带有模数化特征,富于重复美感的形态。再辅之以起伏,顶棚的开敞部分可以营造出丰富多变的光影效果。这些手段综合运用使作品呈现了非常理想的形式美感。

功能便利性:8分。

该方案的内部空间可以得到充分利用,展示功能出色。该方案在实现公共艺术形式与功能平衡这一点上,属于理想的设计。

图纸表达:9分。

信息完整,排版方式新颖,效果图色调淡雅,视觉效果突出。

《拼图花海》如图1-14和图1-15所示。

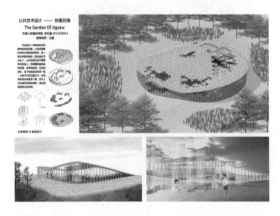

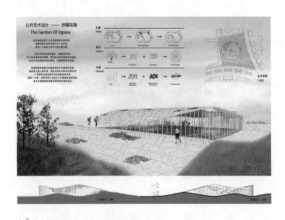

※ 图1-15 《拼图花海》2

作业4 《移动花园》

设计者:天津大学建筑学院建筑学四年级温世坤。

指导教师:王鹤。

设计周期:6周。

介绍:该方案主要是利用彩色树线,借助合理的逻辑生成过程,围合成一个兼具隐秘与开放特征的空间,提供一种独特的艺术形式,并赋予人们丰富的视觉体验。

环境契合度:8分。

无论从形态呈现还是功能提供,该方案都巧妙融入植被茂密、氛围休闲的周边环境,与城市花园的环境契合度很高。

主题意义:8分。

该方案充分拓展了公园的功能,做到了功能与形式并重,为公共艺术与公园环境注入了新的时代内涵。

形式美感:8分。

该方案充分运用植物仿生原理,实现构成美感,色彩丰富,进一步强化了整体效果。

功能便利性:9分。

该方案能够提供充足的休闲游乐空间,安全性高,且考虑了临时设置和拆卸组合的需求,适应性强。

图纸表达:9分。

图纸内容充分,标注信息完整,主效果图效果突出,底色丰富,字体字号运用合理。

《移动花园》如图1-16和图1-17所示。

※ 图1-16 《移动花园》1

作业5 《鸟之遐想》

设计者:天津大学建筑学院建筑学四年级刘安琪。

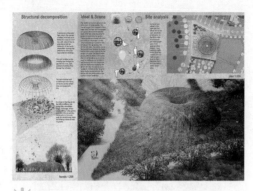

※ 图1-17 《移动花园》2

指导教师:王鹤。

设计周期:6周。

介绍:设计者认为鸟类应该是自由的生物,为了满足观者乐趣而将它们关在鸟笼内是错误的做法,通过设想将"鸟类与人们身份互换",来促进人们换位思考。因此,设计者在某鸟类博物馆外空地,设置三种尺寸的鸟笼状休息空间,在满足休闲功能的同时彰显环保主题。

环境契合度:7分。

从鸟类博物馆的人文环境来说,作品主题与之契合度很高。从物理环境来说更是如此,作品与环境的联系方式非常多样,可以安装在地面也可以悬挂,充分体现了公共艺术专属于某环境的特征。

主题意义:8分。

该方案凸显鲜明的环境保护初衷。按照设计者的设计思路,游客会短暂地以一只笼中鸟的视角观察这个世界,体会鸟类在鸟笼中的拘束,从而对鸟类保护有更深的认识。但这个思路是否过于偏激、是否可以从更为正面激励的角度去促进人们关注环保是此作业中值得商榷的问题。

形式美感:6分。

该方案运用现成品复制的方法,但选择的鸟笼不属于形式感非常突出的现成品,所以在视觉美感上不可避免地打了折扣。

功能便利性:7分。

将鸟笼的尺度加以变形和拉伸,成功提供给游客休息空间,但在人体工程学,特别是心理感受上有待商榷。

图纸表达:8分。

排版风格独树一帜,对主题与意图阐述清晰,细节处理艺术性强,信息标注完整。

《鸟之遐想》如图1-18和图1-19所示。

※ 图1-18 《鸟之遐想》1

※ 图1-19 《鸟之遐想》2

1.4 公园环境公共艺术创新案例追踪

美国亚利桑那州首府凤凰城(菲尼克斯)闹市　区波尔克街和中央大街公园综合运用大量太阳能

发电等可持续发展技术,体现凤凰城以绿色可持续能源和技术进行城市建设的理念。对这样一座地处闹市区,面积又很小的公园来说,公共艺术设置只能借鉴机场、商场采用顶棚悬吊艺术品以节省空间的方式。以网状悬浮艺术著称的美国女艺术家珍妮特一举中标。

在凤凰城,珍妮特的作品名为《她的秘密在于耐心》,作品由大量钢圈将纤维网缠绕成一定形状,四根巨大的支架向四面伸展开,并通过大量钢缆固定。这件作品的施工确实耗尽了艺术团队的耐心,为了寻求最佳的观赏角度,他们不得不多次将作品取下又挂上,直至所有人满意。在景观设计师和灯光设计师的通力合作下,这件公共艺术品具有了独特的夜间效果。当然,《她的秘密在于耐心》深刻的文学蕴意确实令人惊叹,但是昼间的视觉效果较弱,雕塑艺术本身的渐变、重复等形式美法则在失去灯光的突显后就似乎"隐藏"在蓝天中了,大大减弱了作品的表现力与美感。由于材料与工艺的大胆革新,该作品与公园环境的关系出现了新的飞跃,相对于奇达利在巴塞罗那的钢索悬挂,《她的秘密在于耐心》完全没有占用地面空间,还保证了尽可能广的受众面,是代表近年来公园环境公共艺术建设创新趋势的典型案例。

《她的秘密在于耐心》如图 1-20 至图 1-23 所示。

图 1-21　作品与公园的空间关系

图 1-22　作品的夜间效果非常理想

图 1-20　《她的秘密在于耐心》的昼间景象

图 1-23　典型游客视角中的作品,与公园形态和氛围非常契合

第2章

流线与思考——广场环境公共艺术的设计特点

LIUXIAN YU SIKAO——GUANGCHANG HUANJING

GONGGONG YISHU DE SHEJI TEDIAN

广场是由城市中一些要素,如建筑物、道路和绿化带等围合而成的场所,可以满足居民社交、集会等社会需求,具体有市政广场、宗教广场、交通广场、商业广场等类型。从功能上划分,广场有纪念广场、休息广场等类型。从空间类型上划分,广场有四角敞开、四角封闭、三面封闭一面敞开等类型。绿化、铺装、色彩、水体等都是广场设计的要素,但广场上最主要的视觉核心无疑是公共艺术作品。

2.1 广场环境公共艺术经典案例——哈特广场与《水火环》

1971年,底特律的支柱——汽车产业正面临衰退,急需在城市建设上聚拢人气,哈特广场(Hart Plaza)成为这个重建项目的重中之重。1970年,日裔美籍艺术家野口勇在日本大阪世博会上创作的9个喷泉深深打动了哈特广场审查委员会,他们邀请野口勇来完成整个广场规划。出生于1904年的野口勇是一位日美混血儿,因为童年在日本受到排斥而回到美国接受教育。在欧洲时,野口勇为布朗库西做过助手,掌握了娴熟的石雕技艺,培养了对原始艺术的关注和对空间、自然的理解。野口勇充满创新精神的设计风格从1933年的《犁的纪念碑》和纽约的《游戏山》就开始显现,在《闪电》(富兰克林纪念碑)设计中成型。此后野口勇又逐步融入水的能动因素,并大胆使用最新工艺材料。在和纽约画廊与收藏家打交道的过程中,野口勇坚定了为社会进行创作的决心,明确了自己的艺术要服务于大众而非小众的信念,从此淡出艺术圈,也无视艺术评论家对他的成就的不实评价,成为公共艺术领域的重量级人物。

哈特广场位于底特律的新市政中心,位置重要,一面是底特律河,另一面能看到著名的文艺复兴中心,历时7年才得以建成,如图2-1所示。起初,委员会仅要求提供喷泉设计方案,但野口勇提出了将喷泉、艺术与周围广场环境整体设计的方案,并得以通过。充足的预算和宽裕的工期令野口勇将这3公顷场地当成施展他全部才华的大舞台。广场规划包括入口处高达三十余米的不锈钢纪念碑"Pylon"(比伦),下沉式剧场与宽广的铺地运用得当,但更引人注目的是

位于广场核心的雕塑喷泉 Horace E. Dodge(又译为《水火环》),如图2-2所示。

※ 图2-1 哈特广场鸟瞰图

※ 图2-2 《水火环》与周边环境

《水火环》是一件充分采用包括电脑技术等高科技的能动公共艺术作品。喷泉由一个圆形花岗岩水池和经过高度抛光的不锈钢、铝结构组成,水柱在电脑程序控制下从水池中"咆哮"

而出，穿过金属环，直插天际，时而又如水雾一般弥漫缥缈，变幻不已。20世纪70年代正是美国社会探索宇宙的高峰，这件作品宛如高科技的交响乐，奏响了向未知世界进发的最强音。通过这件作品，野口勇成功实现了艺术与科技在较高层面的结合，他评价自己的作品："一台机器成了一首诗"。对一件20世纪70年代的作品来说，它属于未来。同时，在艺术品与公共环境的关系上，野口勇也是可贵的先行者。首先从哈特广场落成后的远景图可见，公共艺术作品位于核心位置，统摄整体环境。其次，喷泉水池壁高近1.8米，保证了安全性。《水火环》周围的地面铺装稍稍向内侧倾斜，以使水流入排水槽。综合来看，哈特广场的主公共艺术与广场形态、交通流线、功能分区都有很好的协调关系，这与设计者身兼双职有关。当然，这也引来铺装过大、空间缺少变化的批评。因此，一些在现有广场环境中设计公共艺术作品，并实现与建筑、广场面积、交通流线等诸要素和谐的案例，可能对设计活动更具参考价值。

《水火环》的景观效果如图2-3至图2-5所示。

图 2-3 《水火环》近景

图 2-4 《水火环》夜景

图 2-5 《水火环》多变的喷水效果

2.2 广场环境公共艺术设计要点

通过上述经典案例的分析，我们可以对公共艺术设计与广场环境的关系总结出以下原则。

1. 把握广场空间形态

无论是传统雕塑还是公共艺术，要落成于广场，设计师必须对广场总体形态进行考虑。设计师应当根据最佳视距调整作品尺度。在不能单独凭借设计手段解决问题时，公共艺术设计师应当与建筑师、规划师和景观设计师协同，借助场地规划、植被、水体等元素来解决公共艺术形式设计中的弊端，发挥其长处，从而达到最佳设计效果。

2. 把握广场视觉特征

需要注意的是，公园以草坪、水体为主，而广场以硬铺装为主。公园周边环境较为空旷，而广场周边建筑密集。这种环境变化自然会对公共艺术形式设计产生较大的影响。另外，开阔的广场上往往缺少遮阳设施，座椅乘坐设施也经常处于需求得不到满足的状态，公共艺术可以在功能提供方面发挥重要作用。

3. 合理满足人群需求

广场与公园最大的区别，是前者承担着更为复杂多样的功能，包括休闲、集会、社交等功能。广场使用人群往往包括很多上班族，他们将广场作为重要的交通空间，希望通过广场快速到达目的地。因此，要正确开展广场环境公共艺术设计需要对广场上人的活动方式有深入调研和准确认识。设计必须尊重公众交通需求，尽可能使作品跨越而不是阻隔交通流线。如果更深入探讨，如前所述，广场承担的职能更为复杂多样，因此广场环境公共艺术更需要注意通过形式、尺度等设计手段满足人们更多样化的精神需求。

综上所述，公共艺术在广场设计中越来越发挥着重要作用，优秀的公共艺术可以借助跨学科知识，调整广场整体形态，统摄文脉主题，从而充分发挥公共艺术的社会功能。

2.3 作业范例详解

我们根据不同的侧重点挑选出五份富有代表性的作业加以详解，以检验广场公共艺术设计训练的成果。

作业1 《幻境》

设计者：天津大学建筑学院建筑学四年级温世坤。

指导教师：王鹤。

设计周期：6周。

介绍：该方案的基本思路是构建一个适合广场人群的休息空间，具体元素运用有一定仿生特点，三角形结构杆件模拟树枝生长，形式逻辑合理且有一定美感。从更深层次说，该方案致力于满足公共空间的公众情感需求，充分借鉴《云门》《天镜》等知名作品，运用镜面公共艺术反射周边事物的经典设计手法，既营造出多变、奇幻的视觉效果，又产生如设计者构思的促进人文思考的社会效果。

环境契合度：8分。

由于自身专业学习背景,设计者更多基于建筑形态来寻求与城市广场环境的传统契合方式。近年来,类似案例非常普遍,如果能够阐述是永久性,还是临时性可能会更好。毕竟前者对环境嵌入度更深,可能需要进一步完善技术细节。

主题意义:8分。

设计者运用镜面反射手段,使观赏者视野内的事物增多,确实能起到一定减轻压力和促进思考的社会效应。这在镜面反射型公共艺术中已经得到了一定程度的印证。同样,构建一个半封闭的空间后,空间内的人流速度减慢,也具有从现实生活中超脱出来,促进思考的作用,这在美国公共艺术获奖作品——克利夫兰市图书馆的《图像与场地》中体现得比较鲜明。

形式美感:8分。

正确运用仿生手法和镜面反射手法的公共艺术作品,一般都能产生比较理想的视觉美感。设计者在细部独具匠心的处理更为形式美感加分。

功能便利性:8分。

可提供传统意义上的休息和遮阳功能,并可同时满足较多人数的需求。

图纸表达:9分。

内容完整,表达清晰,排版底色运用得当,富有视觉冲击力,主效果图视觉效果突出,但对总平面图的描绘不够准确。

《幻境》如图2-6和图2-7所示。

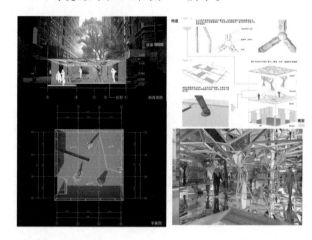

※ 图2-6 《幻境》1

作业2 《公共休闲装置》

设计者:天津大学建筑学院建筑学四年级李桃。

※ 图2-7 《幻境》2

指导教师:王鹤。

设计周期:6周。

介绍:该方案选址河东区大直沽荐福观音寺左侧广场。设计者通过调研分析公众需求,综合人体工程学与环境行为心理学相关原理,利用网格状承重柱、梁、板材等构件搭建出可以满足公众休息、遮阳等需求的公共休闲设施,以提升这个地区的人性化程度和文化氛围。

环境契合度:6分。

作品的形态与广场形态有少量联系,但在如何借鉴周边建筑符号和人文元素方面挖掘不够。

主题意义:5分。

方案偏重于设施形态与功能提供,没有深入探讨所在空间的独特氛围,也没有探索相应的主题意义。这是设计者的关注点问题,但不可否认也与思考有待深入有关。

形式美感:8分。

作品形态简洁,充分考虑到了结构之间的比例关系,模数化特征明显,形式感合乎要求。

功能便利性:9分。

该方案的主要目的在于提供便利功能,设计者精心设计了座椅、桌子、观景平台、遮阳篷等构件,以满足不同人群的需求。该方案对人体工程学要素也做了充分考虑。不足之处在于部分功能,如嬉戏甚至登高观望等涉及更复杂的安全问题,需要护栏甚至防护网等,在无人看护、运营的室外设施上难以实现。

图纸表达:5分。

图纸信息完整,风格淡雅,别具特色,但也带来视觉冲击力不强的相对弱点。

《公共休闲装置》如图2-8所示。

※ 图2-8 《公共休闲装置》

作业3 《剪》

设计者:天津大学建筑学院建筑学一年级韩工布。

指导教师:王鹤。

设计周期:3周。

介绍:该作品对所在广场环境做了充分调研,以现成品复制为主要设计手段,从剪刀剪纸的行为中寻求意向,以活跃环境并营造幽默氛围。设计者根据国内广场普遍使用的灰色及黑色铺装设计了作品的基座。剪刀的红柄形成强烈的视觉反差,结构上与地面垂直,在保证结构稳定的同时制造出地面被掀开的错觉,即用被剪断的黑色铺地营造视觉紧迫感。红色剪刀的尺度基于人体工程学原理确定,跨越交通流线并能实现一定的休息功能。

环境契合度:9分。

作品尺度与广场面积契合程度高。作品正确设置角度,未阻碍交通流线,还促进了公众与作品的互动。作品与地面产生了一定程度的联动效应。红色的剪刀柄也与灰色的广场铺装形成鲜明对比。

主题意义:9分。

现成品公共艺术并不擅长表现深邃的社会主题,这是由其诙谐的外在形式与相对浅显的出发点决定的。该作品成功营造出幽默的效果,活化广场环境,可以认为已经成功传达出合理适度的主题意义。

形式美感:9分。

现成品公共艺术形式美感首先取决于现成品的选择,其次取决于放置角度以及适当的变形,该作品在这些方面处理得都比较理想,现成品种类选择合理,放置角度合适,并且注重了鲜艳色彩的运用。

功能便利性:6分。

该方案仅考虑了剪刀柄能提供有限的乘坐空间,在功能便利性上其实有进一步发掘的空间,比如卷起的地面是否可以带有一定游乐功能、剪刀本身是否可以带有一定的夜间照明。在奥登伯格广泛运用现成品复制的20世纪90年代,声控技术、LED照明灯技术还都不成熟,因此现成品运用较少。今天,在这一领域的实践可以有更深入的考虑。

图纸表达:9分。

图纸工作量充足,类型丰富,能够准确说明作品的尺度、特点、环境关系,结合渲染技术的正确运用,比第一稿有非常大的进步。重视主效果图的排版方式使方案具有强烈的视觉冲击力。

《剪》如图2-9所示。

作业4 *We are the same*

设计者:天津大学建筑学院建筑学四年级王珂。

指导教师:王鹤。

设计周期:6周。

介绍:设计者根据广场环境的大尺度与矩形形态,以城市重要话题之一——农民工问题为主题,针对广场主要使用人群,设计了跨度为10米的大型公共艺术。设计者巧妙运用镜面反射原理,以大量农民工劳动场景剪影的钢板,反射观看者的面貌,阐释农民工与市民都是城市的平等使用者的深邃主题,具有强烈社会效应。部分树状结构活跃了整体效果。作品没有基座和明显的阻隔,齐平于地面,不阻碍交通流线和影响使用功能。

环境契合度:9分。

与广场尺度协调,形态协调,地面齐平,不阻挡交通流线,达到了艺术主题和实际运用的平衡。

主题意义:10分。

农民工是中国经济腾飞中的关键角色,但很多

※ 图2-9 《剪》

※ 图2-10 *We are the same*

时候并没有得到应有的重视,在以往公共艺术设计中还很少被提及。因此该方案主题清晰且有极强的现实批判意义。

形式美感:9分。

二维剪影设计手法与镜面反射的结合能够产生较为理想的视觉效果,《云门》《天镜》的成功都很能说明问题。

功能便利性:6分。

作品没有提供相应功能,对于注重主题深度和形式美感的作品来说这并不算缺点,但如果能够借鉴耶路撒冷的 *Warde* 的手法,结合声控技术,使作品中的灯具有实际照明功能,且尽量减少能耗和维护工作量,则能使作品在晚间也聚拢行人并具有环保意义。

图纸表达:10分。

图纸工作量充足,横向排版位置合理,突出了明暗对比,鲜明的主效果图使整体观感具有视觉冲击力。细节介绍和信息标注都十分完整。

We are the same 如图2-10所示。

作业5 《控制与被控制》

设计者:天津大学建筑学院建筑学一年级韩工布。

指导教师:王鹤。

设计周期:6周。

介绍:该方案选址襄阳市人民广场次入口,针对该地交通流量较大的现状,运用现成品复制的方法,以现代社会普遍使用的工作与娱乐工具——鼠标和耳机为元素,与人体相关联,批评了电子工具凌驾于人之上,控制人类生活的社会现象。卷起的电线跨越交通流线,鼠标的尺度适合人休息,充分达到设计目的。

环境契合度:9分。

作品以合理的形式、结构跨越交通流线,毫无牵强之感。但相对于广场的面积,此类公共艺术作品以成组布置最为理想。

主题意义:7分。

主题清晰且有较强现实意义,但批评的对象没有区分积极和消极因素,稍显偏激。

形式美感:8分。

现成品复制的设计方法只要运用得当,形式美感一般都比较理想。

功能便利性:6分。

鼠标提供的乘坐功能合理,但坐面倾斜,舒适度稍显不足,且满足需求的人数较少,可以考虑成组布置或与普通艺术化座椅设施搭配使用。

图纸表达:7分。

图纸工作量较充足,图纸类型较为丰富,排版位置合理,色彩运用较为理想。信息标注完整。不足之处在于效果图将 SU 模型渲染与实景照片结合略显凌乱,不能突出主体,影响整体效果。

《控制与被控制》如图2-11所示。

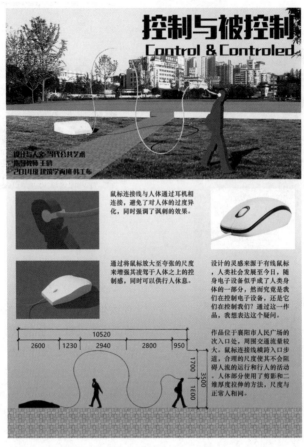

※ 图2-11 《控制与被控制》

2.4 广场环境公共艺术创新案例追踪

　　加拿大小城温尼伯市千禧图书馆广场公共艺术 Emptyful 于2012年落成,设计者是艺术家 Bill Pechet 与灯光设计师 Chris Peka。作品是一个10 m 高,近10 m 宽类似烧瓶形的不锈钢框架结构,采用了典型的二维剪影与厚度拉伸的设计方法,如图2-12 和图2-13 所示。

　　Bill Pechet 认为温尼伯这座城市初看上去给人空旷和过于开放之感,但长期驻留和细细品味就能发现它充满活跃的创造力。因此,他打造了一个中空的容器,来表现温尼伯这座城市和它周围的草原

的空虚感,即一个无限空间里的各种现象,如天气、光线、季节和人类努力的来来去去。容器清晰的边缘意味着遏制,但中空的结构则象征着开放,可以容纳光、风、雨和雪自由通过。设计者根据作品位于图书馆前的环境特征确定了作品的大尺度,同时这个位置设置也有助于弥补二维公共艺术观赏面受限的弊端。但相对于不大的广场来说,10 m 则是一个相当大的尺度,设计者希望人们能产生一种敬畏感。5°左右的倾斜主要是为了营造动感,避免呆板。Emptyful 的效果如图2-14 和图2-15 所示。

✳ 图2-12 *Emptyful* 与图书馆的尺度对比

✳ 图2-13 *Emptyful* 的设计草图,突出"容器"的概念

✳ 图2-14 作品的效果图

作品综合运用多种表现方式,技术含量较高。"烧瓶"由一根框架从中间分开,从框架向上和向下喷发水雾,由于重力的关系,向上的水雾更缥缈,而向下的水雾更整齐,呈幕状,如图2-16所示。28个可变色的LED灯光强化了水流的视觉效果。这些

✳ 图2-15 作品晚间水幕与灯光结合的效果

要素象征着光、风、雨、雪。灯光设计充分考虑了季节变换的因素,夏天时主要发出带有冷静与镇定感情色彩的绿色、蓝色、浅绿色、白色光源。冬天的光线则设置成轻轻跳动的火焰颜色,如橙色、黄色、琥珀色、红色等。水幕也是很多游客和孩童戏水玩耍的好去处,如图2-17所示。

✳ 图2-16 水幕上端为雾状,下部为网状

Emptyful 的设计充分考虑了广场尺度与建筑环境，传承区域文脉，富有现代视觉观感，并且借助新科技、新材料提升自身表现力，是进入 21 世纪第二个十年后广场环境公共艺术的创新成功之作。作品施工场景如图 2-18 所示。

※ 图2-18　作品施工场景

第3章

需求与体验——步行街
环境公共艺术的设计特点

XUQIU YU TIYAN——BUXINGJIE

HUANJING GONGGONG YISHU DE SHEJI TEDIAN

街道是城市中重要的环境类型,早期城市的街道在担负交通职能之外,还逐渐形成自发的集市,诸多商贸活动都围绕街道展开。随着科技的进步与城市规模的不断扩大,交通工具开始改变街道的形态,人们将原本适合步行的街道进行改造以适应马车、汽车、电车等交通工具。但是城市街道如果完全按照交通工具的速度与节奏设计,就会对步行公众的安全造成威胁。因此城市街道逐渐产生交通性街道和生活性街道的分化。

步行街是街道的一种独特类型,既具有街道的共性,又具有鲜明个性。步行街具有交通性街道的功能,但在性质上更偏向生活性街道。一部分步行街是在城市历史中逐步形成的,担负着购物、休闲等现代都市居民的需求,一般有历史知名度和商贸基础。

3.1 步行街环境公共艺术经典案例——日本东京六本木榉树坂大道

六本木新兴商业区是位于东京中心位置的城区,其内部与建筑、景观一体建设的公共艺术项目成为日本近年来最引人注目的实践,如图3-1至图3-3所示。与法列立川和新宿的实践都有所不同的是,这个项目主要是由企业,如日本大型房地产企业森大厦株式会社和著名的朝日电视台,基于商业考量推进的,在艺术性、商业性和学术性之间取得了很好的平衡。除中庭广场与毛利庭院等处布置的 Mamam、《玫瑰》《守护石》等纯艺术性的作品外,另一个主要设置公共艺术的空间是榉树坂大道,这是一条遍布高档商店并与住宅区联系紧密的街道,车行路两侧是林荫步行道。考虑到游客和公众对休息等功能的需求,六本木新城项目在这里筹划了一个具有开创性的街景项目(streetscape),由艺术家、设计师个人和事务所合作完成了13件带有功能的公共艺术作品。它们被归纳为城市家具(street furniture)。《安娜之石》(Annas Stenar)、《只能给你爱》(I Can't Give You Anything But Love)等作品既有形式感,又有主题意义,还能通过功能提供满足游客的需求,并为游客提供珍贵的艺术体验。事实上,将不带功能的公共艺术与带功能的城市家具分开是六本木项目的鲜明特点之一。但在后来的实践中,不但两者的界限日益混淆,逐渐统一在公共艺术的概念下,后者甚至比前者更出名一些。

如前所述,榉树坂大道被归纳为城市家具的集

❈ 图 3-1 六本木区远景,最高的中央建筑就是森大厦株式会社办公楼

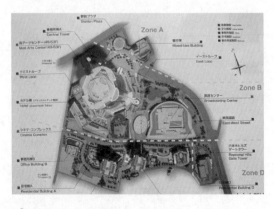

❈ 图 3-2 六本木新区平面图

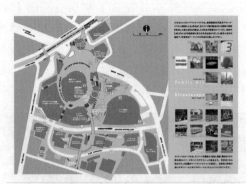

❋ 图3-3 六本木地区公共艺术地图

中地:在一条400米长的步行街及周边,分布着13件能提供乘坐休息功能的公共艺术品。路北侧按照100米的间隔放置三件作品,路南侧以50米的间隔放置5件作品,其他作品分别放在其他小路或邻路的庭院内。设计者身份也更为多样,包括建筑事务所等。我们主要从中挑选5件加以重点介绍。

››››› 1.《安娜之石》

《安娜之石》是榉树坂大道公共艺术中出境率最高的一件。出镜率高一方面是由于其位置重要,即位于朝日电视台南侧,与宫岛达男的作品重合;另一方面也是由于它是唯一一件位于街道转角处的街道设施,相比其他位于线形空间的作品设计难度更高。瑞典艺术家Thomas Sandell将他对斯德哥尔摩群岛的旅行记忆演变为一块块外形浑圆的石块,色彩运用既注重自身对比,又与周边环境统一,如图3-4所示。所有的石块都满足45 cm的最佳坐高,坐面宽0.77 m也符合要求,1.5 m的长度足以满足两到三位游客舒适地休息。分散排布的方式既照顾到疏密得当的形式美感,又考虑到步行街游客外向而坐的观景需求与内向而坐的交谈需求。

❋ 图3-4 《安娜之石》,背景为未点亮的《无效的计时器》

介绍《安娜之石》不能忽视其身后朝日电视台外墙上的《无效的计时器》(Counter Void)。事实上朝日电视台作为六本木项目的重要开发商,也根据自身的需求挑选了部分艺术品,主要是位于电视台南侧外墙的《无效的计时器》和北侧外墙的《墙画》。

《无效的计时器》是日本本土新锐艺术家宫岛达男(Tatsuo Miyajima)的作品,是朝日电视台推选的3件公共艺术之一。这件作品明显更注重视觉营造,更富有现代气息,就连其位置也很独特——位于朝日电视台的南侧外墙。1957年出生的宫岛达男以"后物派艺术家"著称,是日本较早运用LED(发光二极管)进行创作的日本艺术家。他还注重运用数字这种世界通用的符号进行创作,以追求传播范围的世界化。在文化内涵上,他回归东方佛教文化对本原的追寻,就时间、空间、永恒、联系等话题展开不断的追问。《无效的计时器》与环境结合得十分紧密。我们可以把朝日电视台的外墙理解为全长50 m、高5 m的玻璃夹层画布。LED显示6个从0到9不断变化的数字,0的时候不显示。作品根据环境亮度有时显示为白色,有时显示为黑色。在这里,设计者一贯的对生命轮回、因果报应等传统佛教哲学问题的思考转化为对现代都市街道生命的思考,为整个六本木项目注入了有一定深度的思想。即使对其意义与内涵了解不足,人们也可以从闪烁的数字体会这个地区的现代活力。作品的设置充分利用了现有空间,巧妙融入环境,可以被认为是整个项目的点睛之作,如图 3-5 和图 3-6 所示。

❋ 图 3-5 《无效的计时器》夜间效果

❋ 图 3-6 《无效的计时器》近景

>>>>> 2.《只能给你爱》

《只能给你爱》是日本本土艺术家内田繁(Shigeru Uchida)的作品,位于大道北侧中段。作品的基本形式是一段红色的波浪状彩带,致力于营造一种摆脱重力的束缚后随光、音、风的节奏轻微飘动的感觉,如图 3-7 所示。这个名字来自一首著名的爵士乐。作品基本的高度同样是 45 cm,以符合人体工程学,6 m 的全长足以满足多位游客的休息要求。作品形态的波浪起伏还可以满足从端坐到小憩,甚至躺卧等多种不同的休息需

求,深受游客喜爱。不过为了实现这个轻盈的造型,作品必须选用不锈钢板,难免会有夏天暴晒后高温、冬天冰冷的弊端,利用率有限,不如同一条街道上选用 GRC 材料(玻璃纤维增强水泥)的同类设施。

❋ 图 3-7 《只能给你爱》

>>>>> 3.《公园长椅》

跨界是当代公共艺术最显著的特征。因此,大量工业设计师、建筑设计师、摄影师等都纷纷投入这个回报率和曝光率都甚高的领域。当代工业设计领域最重要的设计师贾斯帕·莫里森(Jasper Morrison)就是代表人物。在家具设计领域,他以风格简朴直接、语言凝练简洁、功能满足性强闻名。随着公共艺术的边界不断扩展,莫里森也得到大量在公共空间开展设计的机会。他将传统的公园长椅进行魔术般的转换,营造出很多匪夷所思的造型,比如一圈完全封闭的长椅,人们只能爬入,或者两两相对的造型,可以实现一些特定的有趣味的功能。甚至在很多时候他能够只用传统公园长椅进行扭转、围合,形成一个完整的儿童游乐场,体现着功能与艺术的完美跨界。在六本木,他根据步行街的空间形态特征,设计了一座尺寸为 0.44 m×8.58 m×0.75 m 的超长座椅,如图 3-8 所示。这座全长 8.58 m 的座椅甚至可以同时容纳二十多位游客休息,坐面宽和坐高也完全符合人体工学要求。超常的尺寸与平实无华的造型共同营造了一种普通环境中的超现实感,令人印象深刻。

了难得的硬度与理性,如图 3-10 所示。

※ 图 3-8 《公园长椅》

※ 图 3-9 《Day-Tripper》

※ 图 3-10 《拱门》

4. Day-Tripper

位于大道北侧西端的街道设施是 Day-Tripper,直译为"当天结束旅程的旅客"。设计者是荷兰著名设计事务所 Droog Design,其创办人 Gijs Bakker 被誉为荷兰国宝级设计师,广泛涉足首饰、家居饰品、家用设备、家具、室内设计、公共空间和展览,风格多变,形式富有意味。设计者开创性地将桌、椅、床等各种家具元素杂糅在一起,根据一名职场人士一天之内可能的各种姿势,如坐、靠、卧等进行设计,意图满足所有姿势的需求,具有极强的体验感,特别迎合年轻人的喜好,如图 3-9 所示。在材料上,作品使用了家具设计领域普遍采用的 FRP,即纤维增强复合材料,从而满足高强度、易成形、不怕风吹雨淋的要求。在形式美上,作品重点考虑了年轻人的审美与欧洲风格的移植,所以是粉红基底和白色小花,符合六本木的消费文化氛围。

5.《拱门》

位于大道南侧中段的作品《拱门》(Arch)是意大利著名建筑与设计大师安德里亚·布兰兹(Andrea Branzi)的作品。安德里亚·布兰兹 1938 年出生于佛罗伦萨,广泛涉足建筑、工业设计等领域,是意大利激进建筑运动的推动者之一,后任米兰理工大学教授。《拱门》使用传统材料混凝土建造,造型上追求建筑与工业设计之间的跨界感,间距强调严格的数理逻辑,既限定了空间,又起到了框景的作用,还能从不同角度满足多位游客的乘坐休息需求,为偏柔性化和感性化的六本木项目带来

6.《这些巨大的岩石从哪里滚到哪里去了?这条河的水在哪里?我从这里到哪里?》

这应当是当代公共艺术中最长的名字,没有之一。设计者是富有反叛精神的艺术家日比野克彦,他长期探索艺术走入民间的道路,扎根农村记述那些行将消失的口述历史。他创作的作品也富有乡土气息,形象兼有岩石和河流的特征,虽然外形浑圆却仿佛有着内里坚硬的骨骼。与《拱门》中人们只能端坐不同,人们可以在这件作品上像在沙发上一样舒服地躺卧,体现出设计者对心理的深刻洞察。设计者选用了坚硬、耐腐蚀又易于成形的 GRC 材料,以保证作品的功能不会受温度的影响而衰减,如图 3-11 所示。

另外几件街道设施不一一介绍,如图 3-12 至图 3-14 所示。

❈ 图 3-11 《这些巨大的岩石从哪里滚到哪里去了？这条河的水在哪里？我从这里到哪里？》

❈ 图 3-13 《静寂的岛》，设计者为 Ettore Sottsass

❈ 图 3-12 《雨中消失的椅子》，设计者为吉冈德仁

❈ 图 3-14 sKape，设计者为 Karim Rashid

3.2 步行街环境公共艺术设计要点

综合各方面因素，步行街环境公共艺术设计应当注意以下几点。

1. 把握空间形态独特性

步行街是独特的线形空间，这与公园或广场那样的开阔空间完全不同。在步行街上，人们对作品的观赏很可能不是完全的 360°。剪影、厚度拉伸等二维公共艺术可能更适应这种线形空间形态。从另一个角度说，步行街的宽度有限，人流量往往很大，尺度过大的单体作品可能是不适宜的，反而系列公共艺术会比单体作品更适应这样的环境,日本法列立川项目的成功已经证明了这一点,当然这就对组织者、策划者、设计者的眼界、水平与控制力提出了很高的要求。

2. 适应商业文化氛围

步行街是现代商贸活动繁荣的产物,不论是建筑设计还是标志设计都需要营造浓郁的商业氛围,因此商业文化应当是步行街公共艺术的主题,或相近的现代科技、生活主题等。六本木项目中广泛使用现代元素契合环境商业属性就是成功范例。但需要注意保持艺术的独立性与完整性,避免与过度商业化的设施或广告混淆。

3. 适应环境行为特征

步行街上的公共艺术需要适应人的环境行为特征,与人体尺度、步幅、步速相匹配,这与后面要

提到的适应车行路的道路沿线环境公共艺术完全不同。同时,街道公共艺术也需要跨越交通流线,但又与广场公共艺术不同,街道上的交通流线相对单纯,但流量较大。公共艺术设计如果跨越交通流线,需要以不影响步行街主要的商业消费观光行为为宜。

4. 注意满足多样化需求

步行街,特别是商业步行街作为独特的街道形态,需要为前来逛街购物的游客提供良好舒适的体验。步行街由于自身特点会有数量较多的设施,如区分人行道与车行道的车挡、提供休息的座椅、标识牌、通风口、接驳的电车站和自行车存放处等,形式是较为杂乱的,通过巧妙设计的公共艺术可以加以遮挡。在这方面,法列立川项目的实践可以提供很多成功经验。

3.3 作业范例详解

我们根据不同的侧重点挑选出五份富有代表性的作业加以详解,以检验步行街环境公共艺术设计训练的成果。

作业1 《Tetris·城市家具》

设计者:天津大学建筑学院建筑学四年级张峻崚。

指导教师:王鹤。

设计周期:6周。

介绍:设计者使用现成品设计方法开展街道公共艺术设计,注重功能提供与步行街空间形态。作品以模数化的俄罗斯方块游戏内在理念为灵感,由同一模块组成俄罗斯方块,置于暗喻游戏机机框的架子中,通过不同体块进行不同层次的组合,产生丰富的变化机制。设计者还引入叙事概念,设置两种不同的基本单元,希望虚实结合能够带给行人或公众惊喜。

环境契合度:9分。

虚实兼有的立方体基本元素,很容易就能够与

遍布横平竖直线条的步行街形成统一关系。鲜艳的色彩则与灰色调为主的建筑群形成对比。设计者还充分考虑了作品摆放方向与主要人流交通流线的合理关系,环境契合度高。

主题意义:7分。

作品本身以满足休息功能出发开展设计,重点并不在于主题意义。作品使用构成设计方法,又偏重形式美感的表达。设计者通过引入年轻人儿时的重要玩具——俄罗斯方块作为主要元素,抒发怀旧情结,已经殊为难得。

形式美感:8分。

设计者使用的是现成品设计方法,基本元素为经过一次工业设计的俄罗斯方块,模数化逻辑清晰,尺度规格统一,很容易阐发形式美感。设计者进一步通过空间限定和颜色添加丰富了形式美感,得到了更为理想的效果。

功能便利性:9分。

作品主要的着力点在于功能提供。基本元素

的尺寸设置符合人体工程学与环境行为心理学的相应原理,使用便利度较高。设计者还引入多种功能概念,通过基本元素的组合实现休息、学习、游戏和等候等不同功能,这也是进入21世纪后公共艺术以及街道艺术化设施力求实现的。当然此处仅为概念设计,如果进入深化设计阶段,有必要借助点位图,针对具体环境,综合考虑人流量与街道空间形态,安排不同形态组合的数量与位置。

图纸表达:9分。

作为街道设施概念设计,效果图效果突出,灵感来源、形式逻辑生成过程与功能示意清晰,工作量充分,图纸类型丰富,总体质量较高。

《Tetris·城市家具》如图3-15和图3-16所示。

※ **图3-15 《Tetris·城市家具》1**

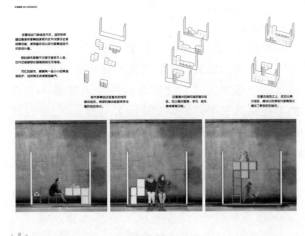

※ **图3-16 《Tetris·城市家具》2**

作业2 《都市·疏离》
设计者:天津大学建筑学院建筑学四年级唐源鸿。

指导教师:王鹤。

设计周期:3周。

介绍:该方案选址天津繁华的滨江道,从步行街公共艺术设计要点出发,以互动要素为主题,既关注公共艺术品与人的行为之间的互动,也关注人与人之间的互动。作品由堆叠为三层的9个半透明筒体结构组成。设计思路是通过1:1人形雕塑、半透明材质等对穿梭人流中人与人关系的抽象演绎,引发对大都市中人与人之间疏离感的思考。

环境契合度:7分。

该方案高度注重与环境的契合,对步行街上人流有较深刻的认识。作品主体结构垂直于人流主要方向,中间结构还可供人穿过以增强体验。半透明磨砂材质的采用也不喧宾夺主,既能保证安全性又能降低自身存在感的过度彰显。中性、理性的形态也比较契合步行街的商业氛围。

主题意义:8分。

这个初看很简单的作品,在具体环境中却能具有较深的主题意义。大量运用剪影等人体结构,是葛姆雷等艺术家广泛采用的方法,并被实践证明能够得到广泛认同。通过流线的限定使人们感受自身与社会,减少社会冷漠,都是公共艺术应当介入并发挥自身作用的主题。

形式美感:6分。

方案本身使用非常典型的几何构成与剪影人物设计方法,通过图底关系的合理运用,使形象在视觉效果最大化的同时还能提供交通空间的作用。只要注意背景的相对纯净,视觉美感一般是比较理想的。

功能便利性:8分。

该方案利用筒体结构提供的交通空间提供交流沟通功能,从设计图上看基本能实现设计初衷,但如果落实则需要结合人体工程学原理深化设计,以符合人体尺度的多样性。可以对周边设施、铺装、绿化进行一体化设计,更好地使作品融入步行街环境。

图纸表达:6分。

方案意图清晰,环境契合度与功能便利性理想;注重运用平面图、示意图和多角度模型全面、系统地展示设计思路,比例运用得当。图纸用色清爽,对设计主题有很好的烘托作用。

《都市·疏离》如图 3-17 所示。

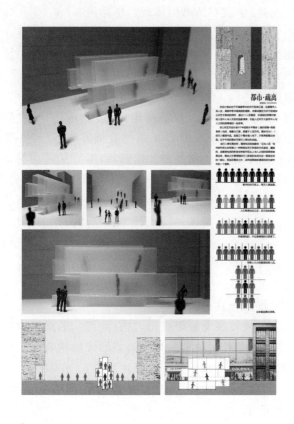

❊ **图 3-17** 《都市·疏离》

作业 3 《Moments of Movements 1》

设计者：天津大学建筑学院建筑学四年级诸葛涌涛。

指导教师：王鹤。

设计周期：4 周。

介绍：该方案选址天津市武清区某地，由沿河步行街、多个小区组成，人流量较大。设计者进行了认真的基地调研并在此基础上获得设计灵感，以现成品为设计出发点，选择非常有代表性的现代工业品——自行车为基本元素，进行分解，根据步行街或小型社区的空间形态与环境行为，使人们在一定的步速与角度可以看到完整的自行车，从而提供丰富的互动可能。另外这些单独的圆环、三角也可以作为单体健身器材使用。

环境契合度：7 分。

设计将自行车的基本形态合理分解，并根据沿河步行街的空间形态进行重新组合，以求在公众视线中恢复自行车的原始形态，这是一种合理的设计方法，也与所在空间形态有较高契合，但其是否能够达到设计效果，高度依赖人的步行速度与线路。同时作品的观赏角度受到较大限制。

主题意义：8 分。

自行车是工业制成品中形态特征鲜明、普及程度高的物品之一，在进行现成品公共艺术设计时得到过广泛的应用，奥登伯格位于巴黎拉·维莱特公园中的《掩埋的自行车》就是经典的范例之一。当然，自行车与中国社会生活，甚至集体记忆又有着不可割舍的联系，选用自行车进行公共艺术设计，并结合人的移动与视线进行重新组合，能与人形成巧妙互动，别有趣味。

形式美感：8 分。

对现成品公共艺术来说，正确选择基本元素是产生形式美感的第一步。合理分解、简化、变形是产生美感的第二步。方案简洁，形式美感能达到设计要求。

功能便利性：6 分。

根据设计者的初步设想，分解后的自行车车轮、车架等部件能够具有健身器材的功用。就这些部件的尺度与所在位置来说，设想是合理的，但如何具体实现，有待设计进一步深化，并综合考虑色彩与人体工程学问题。

图纸表达：10 分。

基地调研详尽，形式逻辑的生成与功能图解清楚。效果图富有视觉冲击力，黑白效果十分突出。设计说明阐述清晰，信息标注完善。

《Moments of Movements 1》如图 3-18 和图 3-19 所示。

❊ **图 3-18** 《Moments of Movements 1》1

※ 图 3-19 《Moments of Movements 1》2

作业 4 《Moments of Movements 2》

设计者：天津大学建筑学院建筑学四年级诸葛涌涛。

指导教师：王鹤。

设计周期：6 周。

介绍：设计者运用剪影原理设计，但是提高了设计复杂度。设计者以木材为基本元素，通过角度设定，在每根木柱上喷涂剪影人物的一部分，使观众或游客在适当的角度能看到完整的剪影形象。作品有效突出体育主题，契合所在街道环境。

环境契合度：7 分。

和所有基于二维图像的设计方法一样，利用分散柱体剪影创作也有自己的弊端，就是对观赏者的视角有所限制。由于造型更为复杂、精妙，利用分散柱体剪影相比于简单的剪影对观赏者的观赏距离的限制更大。从这个角度来说，该方案对作品尺度和间距等细节的考虑很合理，充分利用了步行街的线形空间形态，与环境有较高的契合度。

主题意义：8 分。

利用新颖设计方法完成的剪影形象挑选当下流行的体育题材，如武术、冲浪、滑翔伞、跳舞等年轻人喜爱的运动。引起年轻人的共鸣，为青年注入新的活力，达到重塑社区面貌的作用，这是当今公共艺术的关注热点。以英国为例，《北方天使》《倾转此地》等富有视觉冲击力的大型公共艺术建成后，年轻人口外流率有效降低，就业提升，促进了经济向文化创意成功转型，因此方案具有突出且现实的主题意义。

形式美感：8 分。

这种设计方法早在南非艺术家马尔科·钱法内利（Marco Cianfanelli）设计的 Release（曼德拉纪念碑）中就有清晰的体现。作品由 50 根 10 m 高的炭色钢柱组成，观众站在距离它 35 m 的位置才能欣赏到最完整的效果。这个作品运用了数字技术计算、构型、建模，完美地实现了设计者的巧思，精确地达到了"横看成岭侧成峰"的创新艺术效果。钢柱不但形成曼德拉的头像，也形象地喻指"铁狱生涯"。数字技术助力新颖的造型方法，已经不能用传统的形式美学原理加以解释，需要从是否符合时代进步的视角来积极看待。

功能便利性：6 分。

步行街是与人的环境行为有密切关系的环境，公共艺术在进行形式创新以具备形式美感外，应当通过深入思考具备一定的功能，这是该作品尚待完善之处。

图纸表达：10 分。

透视图视觉效果突出，富有意境。形式逻辑阐述清晰合理，对独特的视觉效果形成机制有较完整的说明。设计说明及信息标注完整，工作量允分。

《Moments of Movements 2》如图 3-20 和图 3-21 所示。

※ 图 3-20 《Moments of Movements 2》1

作业 5 《蒙德里安树》

设计者：天津大学建筑学院建筑学四年级张宇。

指导教师：王鹤。

设计周期：6 周。

介绍：该方案选址海外商业街开展设计。基地位于美国马里兰州海厄茨维尔（Hyattsville）的乔治王子商业街中段的休闲广场，这是一个由建筑围

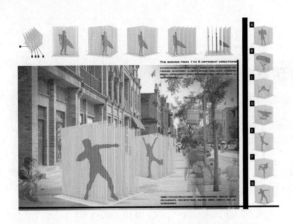

合的半开放空间,具有典型的商业街线性空间形态特征与浓郁的商业氛围。设计者选取西方现代艺术中最具影响力的风格派艺术大师蒙德里安的《红树》系列开展设计,综合使用平面拉伸、视错觉及立体构成手法完成该公共艺术设计。作品还综合考虑了灯光设计,使用半透明材料,使光线可以透出,具有朦胧的夜景效果。

环境契合度:7分。

设计者根据场地文化背景与空间形态挑选设计方法,使作品与商业街主要交通流线保持一致,保证了主要功能的实现,并成功丰富了视觉效果。同时,设计者根据商业街快节奏、现代化的氛围,挑选现代抽象派大师的经典作品进行处理,使作品与人文环境也有很好的契合。

主题意义:8分。

蒙德里安的艺术在现代设计各领域都有广泛应用,成为现代设计时尚的象征之一,里特维尔德的"什劳德住宅"和著名时装大师伊夫·圣洛朗的"蒙德里安裙"都是其中代表。《红树》系列虽然不像《场景构成》《红、黄、蓝构成》那样著名,但依然享有极高的知名度。作品通过厚度拉伸和适应环境的处理,有效地增添了商业街的人文气息,同时起到了向大师致敬的效果。从另一个角度来说,利用公共艺术再造植物形态也是近年来世界范围内的流行趋势,带有植物仿生学的生态意蕴。

形式美感:9分。

厚度拉伸是重要的二维公共艺术设计方法之一,从 LOVE 那样相对简单的字母型,到阿尔普的几何形体艺术,形式多样,极大拓展了现代公共艺术设

计的思路。该作品很大程度上借鉴了德国摄影艺术家卡梅里希斯在《贝多芬》中开创的手法,将绘画作品的笔触进行厚度不一的拉伸,从而制造立体效果。这种方式依赖于环境与原始图像的质量,设计者挑选的"红树"本身具有出众的形式感,拉伸后符合均衡、韵律和调和等多种形式美法则,视觉效果理想。

功能便利性:8分。

近年来,位于商业街上的优秀公共艺术都会或多或少考虑功能,为行人提供服务,或休息或标示,是一种融入环境与人互动的途径。因此,缺少相应功能考虑可能是该方案主要的不足之处。不过照明功能也可以在一定程度上弥补功能缺失。

图纸表达:10分。

工作量充足,主透视图效果准确、突出,氛围真实。基地分析翔实,概念分析简明、清晰,信息标注完整。排版风格清新淡雅,图纸表达总体达到了很高的质量。

《蒙德里安树》如图 3-22 和图 3-23 所示。

※ 图3-22 《蒙德里安树》1

※ 图3-23 《蒙德里安树》2

3.4 步行街环境公共艺术创新案例追踪

东京新宿 I-Land 项目是法列立川项目之后日本又一项大型公共艺术项目,与六本木一样代表着小型社区和步行街公共艺术设计的创新发展趋势。

新宿在东京副中心中承载着商业、高档居住、服务业、文化产业等功能,因此对环境的适居性与艺术氛围自然有很高要求。基于此,总建筑师六鹿正治在日本首先提出将公共艺术纳入总体规划,与建筑和环境一体化设计的思想。这种设计思想比法列立川项目先完成建筑群施工,再见缝插针布置公共艺术无疑先进得多。他挑选的合作伙伴是日本著名公共艺术学者、策划人南条史生。

南条史生与六鹿正治进行了多方面的深入探讨,最终确定了新宿公共艺术项目实施的 6 个基本概念,分别是"都市性""清爽""积极""暖和""洗练""光辉耀眼"。同时,他们确定了 4 个原则:①在世界范围内挑选一流的艺术家来进行创作,以保证质量和知名度;②必须充分考虑到作品与空间之间的统合;③所有作品必须明确是一个整体的概念;④作为在首都中心地区设置的艺术品,作品必须以健康、积极的形象示人。这 4 个原则说明 I-Land 项目将是大手笔、国际化的项目,符合首都第一副中心的定位。

I-Land 地区形态呈三角形,因此规划时就考虑到了三角形的三个顶点与中心的关系,最后的结论是三个顶点担负着该区域与外界交通的功能,有必要设置相对独立且色彩鲜艳的作品使游客印象深刻,起到地标的作用。中央的作品则注重与建筑环境的统一,尽可能以大理石材质、单色系和简约造型融入环境,比如大多是白色基调和体块抽象风格。当然,这既是策划者主观安排的结果,也是 10 位艺术家个人风格

的体现。策划者巧妙引导艺术家的风格为总体策划服务,达到了事半功倍的效果。

新宿项目如图 3-24 和图 3-25 所示。

※ 图 3-24 罗伯特·印第安纳的 *LOVE*

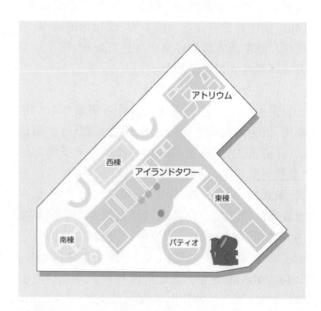

※ 图 3-25 新宿项目的地图

在吸取之前教训的基础上,策划者强调异国文化应当以更为国际化、现代化、普适化的

方法介入人文环境，避免为了追求国际化，而将一些照搬自异域文化的艺术品生硬地嵌入街道。因此，I-Land 项目中的设计者大都以天、地、星空、日月这些各种文化中均存在的事物为主题。这些主题不会随着时代变化而"褪色"，不会因为观众的文化背景、性别、年龄等产生歧义。

在三角形最重要的一个顶点，即面对新宿车站入口的顶点的作品，是 I-Land 项目的核心与象征——LOVE。

波普主义代表人物罗伊·里奇登斯坦的《东京的笔触》分为两部分设置在青梅街的人行道上。作品通过立体的形象表现画笔的运动轨迹，线条流畅，色彩缤纷，造型富有趣味，活跃了城市空间，成功聚拢了人气（见图 3-26）。

建筑装饰作品（见图 3-27 和图 3-28）和丹尼尔·布伦（Daniel Buren）的作品《从一个场所向其他场所—从一个素材向其他素材—向内以及向外的通路》（见图 3-29）位于该区域面对都厅大厦的入口，与建筑环境契合得十分理想。

✳ 图 3-27　索尔·莱维特的艺术墙 1

✳ 图 3-26　罗伊·里奇登斯坦的作品

极简主义代表人物索尔·莱维特（Sol Lewitt）

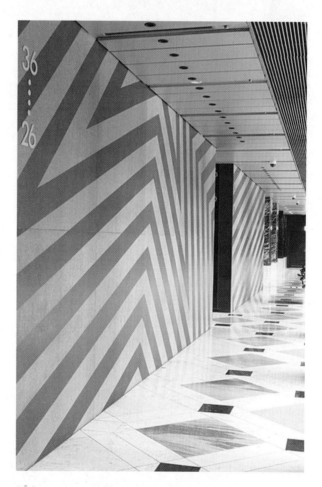

✳ 图 3-28　索尔·莱维特的艺术墙 2

❋ 图 3-29　丹尼尔·布伦的作品

　　从公共艺术项目本身来说，南条史生与六鹿正治开创了公共艺术策划人与建筑师的通力合作局面，为其后的许多项目开辟了正确的方向。项目过程中的控制力也非常得当，多位世界级艺术家都能够按照总体规划与宏观思路进行创作，完成的作品与灰色调、横平竖直的建筑环境非常契合，这在新宿 I-Land 之前的公共艺术项目中是见不到的。

第4章

活力与传承——大学校园环境公共艺术的设计特点

HUOLI YU CHUANCHENG——DAXUE XIAOYUAN

HUANJING GONGGONG YISHU DE SHEJI TEDIAN

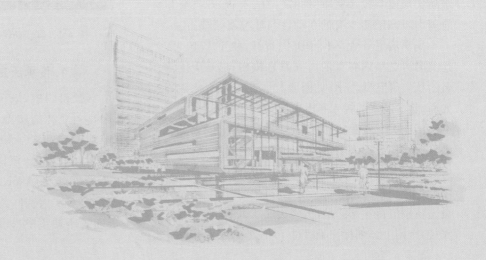

大学校园环境公共艺术及其前身（校园传统雕塑），从来都是所在大学校园文化的重要载体。在高校校区建设迅猛发展的时代，进行高质量的校园公共艺术建设，需要掌握好校园环境的形态与文化特点，把握好年轻学子的心理。在这方面，成功的海外经验可以为中国高校校园艺术水平提升提供有益的借鉴。美国宾夕法尼亚大学（University of Pennsylvania）在校园艺术建设上的客观条件与国内诸多大学有相近之处，以下特就其校园公共艺术建设的成功之处进行简要分析。

4.1 大学校园环境公共艺术经典案例——美国宾夕法尼亚大学

宾夕法尼亚大学位于费城，历史悠久，是美国常春藤盟校。在校园文化建设中，宾夕法尼亚大学除精心维护学校创始人本杰明·富兰克林（Benjamin Franklin）的写实塑像外，还积极借鉴美国社会流行的公共艺术思潮，聘请著名的公共艺术大师克拉斯·奥登伯格（Claes Oldenburg）和亚历山大·利伯曼（Alexander Liberman）等人创作校园雕塑作品。奥登伯格的《裂开的纽扣》体现了现成品复制艺术的精髓，既带来了欢乐气氛又给学生提供了休憩娱乐的设施；利伯曼则根据宾夕法尼亚大学注重法学、商学的特点，以自己熟悉的红色圆柱体为基本要素创作了横跨校园内步道的《盟约》。这样一座 13.7 m 高的大尺度作品横跨大学宿舍区的交通主轴线——洛克斯步道（Locust Walk），来来往往的学子从这样一座颇具威严气势的作品下穿过，不难体会到《盟约》这个名字所包含的深刻用意。这种与交通流线交织的作品，能够很好地解决作品大尺度与校园有限空间之间的矛盾，并具有目前国内校园雕塑少有的互动性与环境友好性。

宾夕法尼亚大学位于美国费城，建于 1740 年，是美国历史第四悠久的高等教育机构，也是美国著名的私立研究型大学（见图 4-1）。在校园文化建设方面，除了苍翠的树木和历史悠久的巍峨建筑外，宾夕法尼亚大学最醒目的就是遍布校园各处的公共艺术。这些作品形态各异，尺度不一，题材广泛，不乏大师名作。图书馆、传播学院等处的室内建筑装饰浮雕也进一步丰富了大学校园的视觉观感与艺术含量。特别值得注意的是，宾夕法尼亚大学（以下简称宾校）官网上详细标注了超过 70 件公共艺术作品中每一件的尺寸、位置和设计者等详细信息，体现出重视校园公共艺术建设已经深深植入学校的办学思想。这种重视程度是当前国内任何一所大学都难以企及的，学生每天与大量高艺术水准的作品朝夕相处，对艺术品位和情操修养的培养都会产生非常积极的作用。除了宏观层面学校决策层的高度重视外，具体到个案和细节方面，宾校校园公共艺术建设有以下三点经验特别值得国内大学学习借鉴。

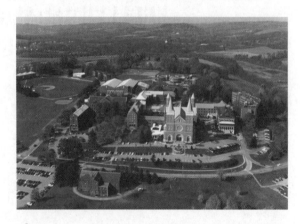

※ **图 4-1　宾夕法尼亚大学鸟瞰**

1. 传承历史文化不拘形式

宾校校园中，该校创始人——著名科学家本杰明·富兰克林的塑像最多。最著名的一尊塑像当属雕塑家波伊尔（John H. Boyle）创作于 1899 年的富兰克林坐姿像，该像 1939 年从费城市区迁至宾校范·贝尔特（Van Pelt）图书馆正门前。雕像手法传统、写实、传神，并用高达 3.4 m 的多层基座架高，布置于通道中央位置，充分表现出庄严、肃穆的氛围。同时，校园内还有多尊富兰克林不同年龄、不同姿态的青铜像，有的甚至与座椅结合在一起，直接介入大学生学习生活环境。这些青铜像代表了宾校校园雕塑中的传统部分，反映了校园悠久的历史。虽然目前国内很多名牌大学也拥有创始人或知名校友的雕像，但无论是在形式的丰富多样还是与学生的密切程度上都与宾校有一定差距。

《富兰克林像》如图4-2和图4-3所示。

图 4-2　建筑群中的《富兰克林像》

图 4-3　《富兰克林像》近景

20世纪80年代后，宾校顺应时代潮流和大学生审美观的变化，引入美国国家艺术基金会（NEA）的资金和先进运作机制，邀请波普主义代表人物克拉斯·奥登伯格与妻子布鲁根，在距富兰克林坐姿像20m左右处设置了一尊别出心裁的作品以纪念富兰克林。这就是宾校校园内最知名的作品——《裂开的纽扣》（Split Button）。奥登伯格从20世纪70年代开始在世界范围内以复制现成品至空前尺度闻名，代表作有费城的《晾衣夹》、威尼斯的《刀船》等。奥登伯格只提到是在踏勘地形后，布鲁根提出选择以纽扣为主题，而没有刻意强调作品与富兰克林的关系，不过奥登伯格夫妇在选题时一贯重视物理与人文环境，他们多次强调："当我们接受了委托，我们会去考察地点，并了解那里的地理和建筑的特征，以及文化和历史的事迹，找到一些联系。这种预备工作非常重要，能够驱使我们在自己私有的"图像档案"中搜寻记忆，寻找到适合那个场所的图像。"因此，纽扣的选题显然还是与远处的富兰克林像遥相对应的，仿佛是富兰克林大衣上掉落的一枚纽扣，建立

了两件作品间的无形关联。这种幽默诙谐的手法通过"润物细无声"的途径向年轻一代学子传递着宾校久远的文化和学校创建者的丰功伟绩，在当前的时代背景下可能比传统的青铜像具有更显著的文化传承功能。

《破裂的纽扣》如图4-4和图4-5所示。

图 4-4　《破裂的纽扣》左视图

✳ 图4-5 《破裂的纽扣》右视图

2. 艺术建设注重幽默氛围与功能提供

相比国内很多大学校园雕塑布置于高大基座之上的做法，以宾校为代表的欧美大学校园公共艺术高度重视艺术作品以喜闻乐见的方式，通过提供具体功能"无缝"融入大学生的学习、休闲活动，从而起到活跃气氛的作用。在《裂开的纽扣》的具体创作过程中，由于纽扣算不上形态富有美感的现成品，也很难提供具体功能，奥登伯格选择在纽扣黄金分割的位置进行弯折处理，使其形态更富有变化，实现了一种"独一无二的形态"。这也契合了晚年富兰克林体态较胖曾撑裂纽扣的趣闻。弯折后作品边缘1.2 m的离地高度适合攀爬，4.9 m的直径也适合多名学生休息。设计者从人体工程学的角度考虑，为作品选择了铸铝材质。铝的导热性弱于钢，人体接触后不会感到过冷或过热。作品涂以醒目的白色，在古色古香的宾校校园中格外醒目，不但通过幽默与戏谑营造了一种后现代的活泼氛围，也为年轻学子们提供了休息、合影的最佳场所，有效缓解了繁重学业带来的压力，自然受到学生们的喜爱。除此之外，由极简主义代表人物托尼·史密斯（Tony Smith）设计的《迷失》采用了多面体的几何造型，在实现艺术主旨之外，也为学生提供了充足的休息空间。年轻学子在公共艺术品上或躺或卧，或阅读或嬉戏，非但没有任何慵懒和耽误学业之虞，反而会对校园环境更有归属感和亲近感，能提高学习效率。

3. 推行素质教育，注重跨文化心理暗示

除了文化传承、幽默氛围渲染和具体功能提供之外，宾校校园公共艺术建设还注重与专业建设和学生职业道德培养紧密结合，并积极探索科学的、具有跨文化特点的表现方式，代表作品就是令人印象深刻的大型抽象作品——美国构成风格艺术家亚历山大·利伯曼的《盟约》。"盟约"的英文"covenant"意为协议、协定或盖印合同，既有法律上的契约条款之意，也有宗教上的誓约之意。宾校创立之初就是要培养商业与政治上的实用人才，目前也在商学、法学等学科人才的培养上具有领先地位，美国股神沃伦·巴菲特（Warren E. Buffett）就是宾大校友之一，因此这个主题可谓牢牢抓住了宾夕法尼亚大学的校园文化精髓。在如何表现这个主题上，利伯曼对他惯用的斜切管材进行了简化，改用只有少量切面的红色圆柱为基本造型元素。五根长度不一的粗大圆柱相互倚靠、穿插，不完全对称但高度均衡，形成一种坚实、稳重、有力的视觉观感。更有科技含量的是，这样一个13.7 m高的大尺度作品，横跨大学宿舍区的交通主轴线——洛克斯步道，以其自身的大尺度和与交通流线交汇，从其身下经过的学子不难感受到巨大体积带来的心灵上的震撼与压迫。这种感觉从美学角度可以解释为崇高，崇高的本质是真与善、形式与内容的激烈矛盾冲突的不和谐性，既存在于客体对象本身，也存在于人的实践中对理想的追求。崇高单凭视觉感官是无法立即感受到的，审美主体结合伦理内容，通过理智与情感的紧张探索才能领会。因此，经过该作品的学子将自身感受与作品名称和商学、法学专业特点结合，就会在心中烙下责任、承诺和法律不可撼动的烙印，并将这种职业道德带入自己今后的职业生涯。这种通过公共艺术建设推进职业道德教育的方式，建立在环境行为心理学、美学基础上，基本不受教育、文化等因素的影响，对来自任何国家和地区的学生都能发挥相近的作用。

《盟约》如图4-6和图4-7所示。

总体而言，宾夕法尼亚大学校园雕塑建设的成功经验可归结为以下几点：传统与现代并存；写实与抽象并存；严肃与幽默并存；艺术性与功能性并

※ 图4-6 《盟约》跨越洛克斯步道

存。大量高质量的公共艺术作品使整座校园洋溢着浓厚的艺术氛围,大幅提升了人文关怀氛围,虽然难以找到量化指标强调这种人文关怀提升了教学科研水平,但是众多师生的出色表现和众多游览者的美好印象已经能够说明问题了。

※ 图4-7 《盟约》的另一个视角

4.2 大学校园环境公共艺术设计要点

基于上述分析,通过借鉴海外高水平大学公共艺术建设的成功经验,以下四点是高校公共艺术设计需要注意的。

1.更好地精炼校园文化

《盟约》能成为宾夕法尼亚大学有代表性的校园公共艺术,与其鲜明反映该校办学特色有直接关系。在这一点上,许多国内高校在建设校园公共艺术时都提出要准确反映本校文化特色,但是近年来国内高校在办学特色上渐有趋同之势,甚至校训中部分词汇雷同程度都有所提升,多为"务实""进取"等相对抽象的词汇,难以用艺术语言有效表达。这一问题与论证时间过短、预算有限等因素有关,这些因素综合作用必然产生国内部分校园雕塑形式简单、雷同,缺少文化内涵的反常现象。文化是校园雕塑建设的关键因素。因此,要提升校园公共艺术质量,必

须从校园文化建设的整体性、系统性、战略性入手,进一步提炼无形的校园文化,并为其视觉化提供便利,从而使校园公共艺术成为帮助大学生形成正确的人生观、价值观和世界观的重要途径。

2.形式、内容幽默化

校园公共艺术的主要受众是年轻学生,这个群体的心理状况有活泼、乐于接受新事物等鲜明特征。事实上很多对当前校园公共艺术的调侃性称呼,都是年轻学生对一本正经的说教方式的逆反行为。深入把握青年学子的心理特征进行创作的关键就在于避免说教,不妨借鉴宾夕法尼亚大学的经验,重视传统又不拘泥于形式,紧紧抓住年轻人的心理特征,在设计过程中综合运用人体工程学、心理学等领域的最新研究成果,将幽默元素注入校园公共艺术建设,化被动为主动,选用形式主题富有幽默色彩的抽象

雕塑。这样做能够大幅活跃校园文化氛围,有效化解因各方面因素产生的压力,从而得到学生广泛欢迎。

宾大校园内采用新颖框架形式的《波形》(Wave Forms),2007年落成,设计者是惯于创作倒置建筑作品的 Dennis Oppenheim,如图4-8所示。

※ 图4-8 《波形》

3.空间布置多元化

欧美部分大学校园内公共艺术的活跃感并不单纯产生于自身形式,与其不拘一格的布置方式也有很大关联。为了避免校园内空间有限这个不足,高校校园公共艺术在设计时,完全可以将部分雕塑采用底部架空不妨碍通行的方式,布置在建筑入口、通道、绿地小径等交通流线上,与学生日常学习生活产生交集,从而实现更佳的艺术效果。另外,高校还可以广泛借鉴欧美公共艺术的成功经验,使雕塑部分结构设计符合人体工程学原理,使其带有一定休息功能,也是使作品更好实现与人互动从而聚拢人气的重要方式。实现这个想法的关键在于解决由形式、材料、工艺等因素引发的安全问题,从而避免作品遭到严重破坏,也避免师生发生人身事故。安全问题的解决可以通过新材料、新工艺的采用来实现,也需要强化执行相关管理规定。

4.3 作业范例详解

我们根据不同的侧重点挑选出五份富有代表性的作业加以详解,以检验大学校园环境公共艺术设计训练的成果。

作业1 基于现成品的复制——《琴键的艺术》

设计者:天津大学建筑学院建筑学四年级李石磊。

指导教师:王鹤。

设计周期:4周。

介绍:该方案针对天津大学建筑学院西楼缺少专用自行车停放处,导致景观混乱和空间闲置等弊端,以现成品复制的设计方法入手,通过创意加工,借鉴琴键造型,满足大学校园主要人群——大学生的需求,设计兼具休息和停放自行车功能的公共艺术,改善了景观、聚拢了人气,为基地带来了新气象,属于成功的校园公共艺术作品。

环境契合度:7分。

设计者挑选的琴键本身就是富有抽象美的现成品,又处理为矩形,与西楼操场的环境呼应。从人文环境来说,音乐与高等院校的关系非常紧密,因此不能算牵强。但对于非音乐类高校来说,可能与其他带有音乐背景的公共艺术成系列布置,效果会更为理想。

主题意义:8分。

现成品公共艺术的主题意义通常在于将身边的普通事物放大并进行艺术化处理,以达到幽默、互动的艺术效果。从这个意义来说,将钢琴这种常见乐器及其音乐氛围引入这个空间,并与功能相结合,能够有效提升该空间的文化氛围,达到设计初衷。

形式美感:8分。

现成品公共艺术的形式美感的评判标准有其独特性,因为其复制的对象往往都经过一次工业设计,所以设计者更重要的任务在于选择正确的现成品并进行恰当的处理。方案的设计者认为,钢琴除了能弹奏出优美的旋律,本身造型亦富有美感。正确的选择为设计奠定了基础。最具巧思的是设计者将黑键部分作为自行车停放的卡槽,有效地掩盖了可能出现的形体缺口,还具有耐脏的作用。大面积的白色用于休息,也符合环境行为心理学。

功能便利性:8分。

该方案兼具休息与自行车存放两种功能,在功能便利性上达到了很高的水平。当然,该方案也有需要注意的问题,无靠背的座椅不如有靠背的座椅适合长时间休息与交流,所以人们很难做出透视图上的姿势。因此,带有休息功能的公共艺术还需要深入考虑人在特定环境下的具体休息需求。

图纸表达:9分。

工作量充分,场地与设计初衷结合一体阐述,完整、清晰。概念与方案生成简明扼要。透视图除个别参照人物过大外,效果较为理想。模型表现力强,信息标注完整。唯一的不足在于两幅图的排版类似,主次关系不够清楚,使得信息传达流程略有混淆。

《琴键的艺术》如图 4-9 和图 4-10 所示。

※ 图 4-9 《琴键的艺术》1

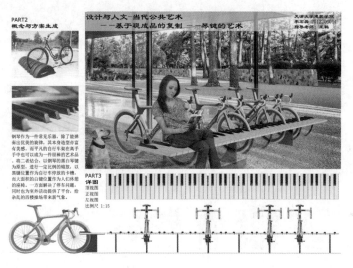

※ 图 4-10 《琴键的艺术》2

作业2　《湖畔乐声》

设计者:天津大学建筑学院建筑学四年级刘畅。

指导教师:王鹤。

设计周期:4周。

介绍:设计者从基地调研与现有设施的不足入手,发现天津大学青年湖畔东西两侧的护栏扶手十分简陋,与美景不符,因此积极改造以提升环境氛围。考虑到邻近大学生活动中心,音乐氛围相对浓厚,方案以乐谱为原型,以五线谱为栏杆,以音符为点缀,同时将音符改造为高低不同的座椅、花架、平台等设施,兼顾功能与形式,为青年湖带来更多活力与艺术美。

环境契合度:9分。

方案立足现有设施改造,充分考虑了大学生日常学习、生活需求,兼顾了教职工家属等其他年龄段人群的需求,又从湖边大学生活动中心寻求灵感,与物理环境和人文环境均有较高契合度。

主题意义:8分。

对于以功能提供为设计出发点的公共艺术,提供的功能是否多样化、能否与基地使用人群的主要需求相符、人体工程学与安全性是否合理,是决定其成败的关键。评价标准就是功能的审美价值。该方案从人本出发,对基地多样化使用人群进行深入调研,使音符的高低、形状能够满足读书、观景、种植、聊天、休息、亲子活动等的需求,有效提升了设施使用率,可以被认为充分实现了设计初衷。

形式美感:9分。

该方案既借鉴现成品的艺术美感,又合理运用统一、调和、韵律等形式美法则,符合繁简得当、有疏有密等形式美要求,色泽简单,达到了出色的形式美效果。

功能便利性:8分。

21世纪以来,公共艺术在提供功能上明显多样化,从20世纪80年代仅提供基本休息功能,逐渐向满足坐、卧、靠等多样化休闲需求过渡,众多一流工业家具设计师的介入保证了家具设计与公共艺术的结合,六本木项目中的一系列街道设施就是成功典范。因此该方案致力于提供多样化功能,是人本考虑程度较高的体现,具有出色的功能便利性。

图纸表达:9分。

基地分析充分,行为尺度表达准确完整。在表现上突出了明暗对比鲜明的主效果图,整体观感视觉冲击力较强。细节介绍和信息标注都十分完整。图纸工作量充足,横向排版位置合理,字体、底色运用重朴实,效果理想。

《湖畔乐声》如图4-11和图4-12所示。

❋ **图4-11　《湖畔乐声》1**

※ 图 4-12 《湖畔乐声》2

作业 3 *Lost in the world*

设计者：天津大学建筑学院建筑学一年级李乔智。

指导教师：王鹤。

设计周期：4 周。

介绍：希望借助管道与反射原理，在校园里搭建一个有助于同学们放下手机交流的结构，是李乔智同学很长时间以来的想法。他选址天津大学校区内邻青年湖的一处平台，设计了一个边长为 2.4 m 的正方体盒子，内部有连接的管道，管道弯折处有镜子。同学们从一个洞看过去，会通过反射看到其他洞中的人与景色，可以更好地认识、了解这个熟悉的校园。

环境契合度：7 分。

作品本身的形状是中性的，不妨碍其融入环境。同时，设计者设想的管道与视线沟通更有助于作品融入物理与人文环境，作品在这方面比较成功。

主题意义：8 分。

该方案紧扣大学校园生活，点出依赖智能通信工具后人与人面对面沟通的问题，并希望通过一种有意味的设施来引起人们的兴趣，促进交流。如他设想，同学们可以看到宿舍生活、树影蓝天、大活（大学生活动中心）风采、川流人群。从主题意义上说，这是与当前公共艺术发展趋势紧密联系的。社会生活问题逐渐压倒生态环境问题，成为公共艺术关注的重要对象，美国克利夫兰市《图像与场地》等获奖作品都直指社会沟通与互动问题，并取得成功。

形式美感：6 分。

该方案的重点在于沟通与互动。所以我们可能无法以传统的形式美感评判标准来衡量这件作品。但如果适当添加色彩，考虑管道布置的位置、距离，作品应该会更理想。

功能便利性：8 分。

作品的重点并不在于功能。如果从近年公共艺术发展潮流来看，一组功能各异的公共艺术搭配布置，组成系列，有的侧重互动，有的侧重形式，有的提供功能，应当会更为理想。

图纸表达：8 分。

对落成的公共艺术方案来说，图纸表达并不是最重要的因素，很多成功的、大型的公共艺术作品只有简单的草图与模型。所以我们应该允许不同风格的表现方式。该方案就选取了独特的效果表达手段，近似白描和意境渲染，在准确尺度、形态方面相对简略。

Lost in the world 如图 4-13 所示。

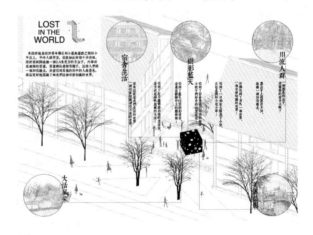

※ 图 4-13 *Lost in the world*

作业 4 《钉合大地的订书器》

设计者：天津大学建筑学院建筑学四年级孙佳睿。

指导教师：王鹤。

设计周期：4 周。

介绍：该方案与本节作业 1 的选址一样，出发点和采用手法也基本相同。该方案同样针对西楼集装箱咖啡馆落成后自行车杂乱停放的问题开展设计，希望通过公共艺术设施提供休息与自行车存放的功能。设计者对现成品——订书器与订书钉进行复制和放大,改变传统自行车架形态,产生仿佛订在场地上的订书钉的艺术效果,订书钉可以存放自行车,端头还可供人休息。

环境契合度:7分。

作品本身的矩形截面符合场地形态,尺度得当,与物理环境契合度很高。同时,订书器作为一种普及的学习工具,相对于音乐等题材,更符合综合高校校园的文化环境。

主题意义:8分。

前面分析过现成品公共艺术的主题意义。通过现成品公共艺术的代表人物——奥登伯格的实践可以看出,优秀的设想应该能够涵盖形式美、幽默感和主题深度。从该方案的设计意图来看,订书器订合大地的构想带有动态性与幽默感,明显比单纯使用琴键或其他现成品的构想更有意义。

形式美感:7分。

订书器本身是经过工业设计的现成品,是常见物品,所以作品的形式能够得到广泛接受。作品相对鲜艳的色彩又弥补了环境的不足,进一步提升了形式美感。

功能便利性:8分。

该方案以提供自行车停放的功能为主,仅有有限的空间供人休息,看似在功能便利性上不如作业1。但实际上具体功能在使用中会产生相互掣肘的现象,如作业1中自行车前轮会与乘坐者的空间冲突,因此很难达到设计者对功能提供的理想设定。该方案有所侧重,利用率实际上会更高。在实际布置中,该作品应当和普通设施或其他侧重于乘坐休息的公共艺术搭配组合使用,以达到最理想的效果。

图纸表达:8分。

图纸工作量相对较小,不过就作品的复杂度与尺度来说,已经能够清楚阐述设计思路与使用效果了。灵感来源陈述较清晰。透视图效果较为突出。功能示意与尺度标注图合二为一,通过参照人说明比例与尺度,较为合理。

《钉合大地的订书器》如图4-14所示。

作业5 《蒙德里安公共艺术系列》
设计者:天津大学建筑学院建筑学四年级刘畅。
指导教师:王鹤。
设计周期:6周。
介绍:该方案针对天津大学东门、北洋广场、

※ 图4-14 《钉合大地的订书器》

敬业湖与建筑学院形成的中轴线两侧。形态规整的敬业湖两侧有宽阔的人行道,平常就有很多学生、路人在此休息、学习、观景。但现在此地设施比较老旧。该方案借鉴艺术家蒙德里安的绘画作品,将原来的色块改造为座椅、花架、凉棚等功能性结构模块,并使它们可以快速安装组合,以使整个中轴线形成一种和谐统一的艺术美感。

环境契合度:7分。

从平面上看,以等量不等形或等形不等量的正方体块为主的棚架,能够很容易地与周边建筑体块或广场等空间形态契合。从立面上看,设计者设置的高度也与湖的宽度和周边建筑相对低矮的高度较为契合。

主题意义:8分。

蒙德里安是现代设计的奠基人之一,荷兰风格派创始人,其一系列经典作品,如《红、黄、蓝的构图》《场景》等都是现代设计经典,并被众多艺术借鉴。该方案从这种熟悉的艺术经典形式中寻求灵感,并将其立体化,具有实际的多样化功能,功能审美价值突出,还具有向大师致敬的意义。

形式美感:8分。

蒙德里安经典绘画作品经过长时间演进,在构图、比例、色彩搭配上达到了极高水平,因此正确借鉴能够充分保证自身形式美感。立体化后,空间的高差变化,增加了错落的丰富视觉观感,进一步强化了形式美感。

功能便利性:9分。

该方案通过深入调研,观察记录场地周围可能

发生的行为,与三种高度的平台形式相对应:平面图中的蓝色,设为高度为45 cm的座椅;平面中的黄色,即高0.5～1.2 m的人手可触范围,设为吧台或花坛;2米以上对应方格画中的红色,设为遮阳顶棚。设计者还设想了其拆装形式以及组合方式:组团形式可用于迎新、节庆等活动;线性形式则可用于湖边、人行道路等。这样,基于周密调研设计

的公共艺术功能科学、合理,可操作性强。

图纸表达:10分。

图纸类型丰富,工作量充足。从调研到灵感来源,再到逻辑生成、组装与组合,逻辑清晰,图示明确。透视图较突出。图版内容排布疏密得当,色调淡雅,总体效果理想。

《蒙德里安公共艺术系列》如图4-15所示。

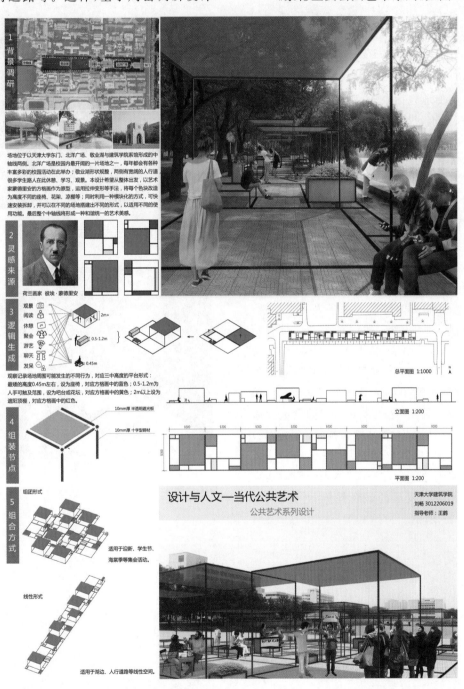

图 4-15 《蒙德里安公共艺术系列》

4.4　大学校园环境公共艺术创新案例追踪

康奈尔大学（Cornell University）位于美国纽约州伊萨卡，是一所世界顶级私立研究型大学，常春藤联盟成员，创办于 1865 年。康奈尔大学以创建学科齐全、包罗万象的新型综合性大学为建校宗旨。其传统优势专业包括农业、兽医、工科、劳工关系、文理、经济、建筑、教育、商科、传媒，以及酒店管理等。

在康奈尔大学校园内的众多公共艺术中，《光波》别具特色。《光波》是一件由松木组合的作品，搭接成有曲面的"7"字形。松木柱边缘有鲜艳的色彩，既保证了作品的昼间效果，又不至于使作品的近距离观感过于单调。作品如儿时的玩具积木般怀旧温馨，又致力于营造一种奇幻感。松木柱没有直达地面，而是由内部的金属框架支撑，看似悬浮于草坪之中。由于设计时综合考虑了人体工程学，作品能够充分满足大学师生的休息需求。最有新意的是夜间效果，松木柱间安装有灯光系统，夜幕降临后就会开启，虽然灯光本身不变，但随着人的视线挪移，从缝隙间透出的光线也在不断变化，仿佛作品本身在波动起伏，这也是其名字的含义。康奈尔大学的校园环境以优雅自然著称，被誉为岩石与水的盛会，《光波》以其自然感、科技感和功能提供与校园环境完美地融合在一起，体现着新时代大学校园公共艺术创新发展的最新趋势。《光波》如图 4-16 和图 4-17 所示。

※　图 4-16　《光波》的夜景效果

※　图 4-17　《光波》的工艺细节

第5章

动静结合——亲水环境公共艺术的设计特点

DONGJING JIEHE——QINSHUI HUANJING
GONGGONG YISHU DE SHEJI TEDIAN

水是自然环境的重要组成部分，与人类生活密切相关，因此很早就进入园林景观设计领域。在人工城市环境中设计的喷泉等水景，特别是仿照天然水景形式的小瀑布、溪流、人工湖、泉涌等，可以看作对自然景观的利用和再现，能够有效提升环境宜居程度。虽然水景在很多情况下与雕塑艺术联系紧密，但总体来看，两者还保持着独立性。随着20世纪末公共艺术概念的成型，以及新材料、新工艺

和新理念的不断涌现，艺术家开始将水的形态和特性从其自然属性中抽离出来，大胆进行公共艺术与水体的一体化设计，有效活跃空间氛围，成功改善城市品质。只有从水的特性入手，对与水体一体化设计的公共艺术类型进行归纳总结，结合世界范围内的知名案例分析，才能从不同层面和不同视角深入认识水体在公共艺术设计中的作用，并提高设计水平。

 **5.1 亲水环境公共艺术经典案例**

5.1.1 利用水体完善情境的公共艺术品设计

水在传统雕塑上已经得到广泛应用。但是在传统的具象雕塑中，水体被用于完善雕塑自身情景效果，而不成为造型的有机组成部分。换句话说，水在这些雕塑中扮演的就是它们在自然环境中的角色。贝尼尼的四河喷泉和凡尔赛宫中的喷泉就是代表。

公共艺术时代也不乏这种形式的追随者，美国得克萨斯州达拉斯市拉斯科列纳斯（Las Colinas）镇威廉姆斯广场的《野马》就是这方面的经典案例。该作品不但利用硬质广场上长约130 m的静水象征野马迁徙过程中遇到的河流，而且通过马蹄下设置的喷嘴表现马蹄飞溅起的水花，极大提升了雕塑作品的真实性与表现力（见图5-1和图5-2）。

图5-1 《野马》蹄下的喷嘴营造出马踏溪流效果

图5-2 水动公共艺术的夜景效果往往非常突出

5.1.2 基于静水特性的公共艺术设计

在公共艺术时代，水和传统的黏土、钢铁一样可以发挥重要的造型作用。但是要熟练地把握水体这种能动要素，设计者就不能再因袭传统，而必须对技术细节了然于胸，基于静水、动水两者的不同特性开展与公共艺术造型的一体化设计，并与功能有机结合。

本着由简到繁的原则，公共艺术与静水的一体化设计的主要出发点是利用水的遮蔽特征和反射特性完善设计，技术难度相对较低。

1. 基于静水的遮蔽性

水体可以扭曲和吸收光线，具有天然的遮蔽性，可以用来隐藏公共艺术作品底部，隐藏安装基座、电缆、水泵及形体不完善之处。在这方面知名度最高的作品当属法国巴黎蓬皮杜艺术中心旁由尼基·德圣法尔（Niki de Saint Phalle）和让·廷盖里（Jean Tinguely）联手设计的作品，是一组由多个

不同形态、主题的艺术品组合而成的大型公共艺术。尼基以色彩鲜艳、形态夸张的人物或动物造型见长，善于营造幽默、狂欢的艺术效果。延盖里则善于利用废旧金属拼接，表现机械文明终结的主题。这两位艺术风格相去甚远的艺术家联手形成了一明一暗、一动一静、一张扬一内敛的强烈对比效果。大多数作品在设计中都安排了喷头，不停喷水以营造动感，整体洋溢着狂欢般的喜庆气氛，与代表"高技术派"建筑风格的蓬皮杜艺术中心形成了绝妙的搭配，具有鲜明的欧洲艺术原创风格。更值得注意的是，作为后添加到原有设施中的公共艺术作品，这些能够喷水的雕塑的电缆、管路无法埋入池底，这样一来，利用水的遮蔽性隐藏这些管线以保持视觉美感就显得非常有意义（见图5-3）。从这个案例可见，相较于从一开始就与水体一体化设计的公共艺术而言，改造原有喷泉而来的公共艺术要在设计中考虑并妥善解决更多的材料、工艺和安全性问题，以在展现美观的同时实现可靠性与安全性。

图5-3 静水遮蔽了公共艺术底部的支架、管路和水泵，达到了美观的效果

2. 基于静水的反射性

水能够反射光线，利用水的反射特性可以形成镜像效果，辅助表现艺术品主体，丰富视觉效果。在世界范围内，这个类型的公共艺术大多以高度抛光的不锈钢为主要材质，强化反射特性，如第1章论述过的巴黎拉·维莱特公园中由阿德里安·凡西尔贝（Adrien Fainsilber）设计的《水之星》，就采用高度抛光的不锈钢材质与水体结合，通过反射产

生灵动感和升腾感，视觉变化极为丰富，从而更好地与周边建筑协调以融入环境。同时要看到，《水之星》既利用了水的反射性，也利用了水的遮蔽性，由于功能（球幕电影院）和技术等原因，其不能实现完整的球体，为此设计师巧妙地将基座部分浸入水中，使观众的视知觉感受到球体的完整形态，因此成为一件在水体与公共艺术一体化设计方面极具代表性的作品（见图5-4）。

图5-4 《水之星》通过水池形成完整形态并反射自身

5.1.3 基于动水特性的公共艺术设计

基于动水特性开展设计是更高级的一体化设计方式，设计师通过创意思维的灵活运用，根据水的特性和其在公共艺术作品中作用机制的不同，将水流作为一种动态的视觉形式传达出来，并使之保持可控的状态，使其成为公共艺术作品不可分割的一部分，同时兼顾人体工程学以提供游乐、休息等实际功能。

1. 基于动水的流动性

水在重力作用下具有流动特性。在灵活利用这个特性方面，日本艺术家饭田善国在东京都芹谷公园的《喷水洗澡雕塑》就是一个成功案例。作品借鉴了传统水车的基本结构，将水通过中心柱体内部管路吸到顶端，然后引入扇叶结构上的凹槽，利用水的流动性使扇叶转动，使扇叶变换形态的同时还能为游人带来欢乐，充分活跃了气氛（见图5-5）。

2. 基于动水的指向性

水具有指向性，即喷出后能够在一定时间内保持

图 5-5 《喷水洗澡雕塑》充分利用动水的流动性

原有方向。艺术家能够利用水的这个特性,结合先进合理的喷头设计,通过平滑稳定的射流营造出富有神秘感的水幕结构。在这方面最具代表性的作品是日本"物派"艺术创始人关根伸夫(Nobuo sekine)于1991创作并落成于东京都厅舍广场的《水的神殿》(见图5-6)。位于《水之星》旁边的一件公共艺术也值得介绍。水体经过卷曲的钢管,从空中掠过,冲入另一端的管口,仿佛水补齐了形态,并赋予了作品经久不息的强烈动感,可谓将水的指向特性发挥到极致的优秀公共艺术品(见图5-7)。灯光照明的加入,使喷流的水柱成为某种具有透光性的"固体",令作品夜景比白天的视觉效果更为突出、强烈。

图 5-6 《水的神殿》因为动水具有了更突出的夜间效果

3. 基于动水的重力性

水具有重力性:以一定角度喷出的水流经过特

图 5-7 水起到了"完形"的作用

定距离,会在重力作用下呈现天然的抛物线形;垂直喷出的水柱会在地心引力作用下回落。第2章论述过的野口勇为底特律哈特广场设计的核心公共艺术喷泉《水火环》,就是将水的重力性作为设计出发点的代表性作品(见图5-8)。在这件作品中,野口勇成功实现了艺术与科技在较高层面的结合,如果不是设计者很好地掌握了水的特性,这件作品的主要视觉效果就完全无法呈现。

图 5-8 《水火环》利用动水特性,实现喷涌、穿越和回落的循环

4. 基于动水的遮蔽性

与静水反射光线形成的遮蔽性不同,动水的遮蔽性主要是喷出的水流会掺杂气泡从而遮挡视线,使观众无法观察水流内部的支撑结构和管道等设施。在这方面最具代表性的案例出自对水体特性有深入洞察的野口勇,早在为1970年日本大阪世博会设计的喷泉公共艺术中,他就成功利用动水的遮蔽性的特征,设计出这样一件看似"反重力"的作品。这件作品一反传统喷泉向上喷出水柱的特点,将水吸至平台后向下喷出,奔涌的白色水流遮蔽内部管路,使立方体宛

如飘浮在空中，又好似正在发射起飞，给人留下强烈的视觉震撼，获得了极大成功（见图5-9）。由于这个设计思路新颖、幽默且易于效仿，世界范围内也出现了很多同类作品（见图5-10）。

图5-10 西班牙某度假村内的"魔幻水龙头"

图5-9 《九个立方体》营造出神奇的效果

5.2 亲水环境公共艺术设计要点

综合来看，在结合水体的公共艺术设计中，不论是技术设备的选择还是造型、材料的选择，都应紧紧围绕设计思路中基于水的何种特性展开。还需要看到，与水体一体化设计的公共艺术包含复杂的艺术与技术问题。土建池体、管道阀门系统、动力水泵系统和灯光照明系统等传统喷泉面临的技术问题，在此类公共艺术作品中依然存在，需要妥善解决。在日照充足的地区，喷泉中往往藻类滋生，因此在大型水景公共艺术中需要运用化学沉淀法与水过滤循环系统保持水质。安全性也是与水体一体化设计的公共艺术需要格外注意的问题。对于中国公共艺术界来说，水体的运用还需要重点考虑中国国情，比如中国北方冬季较长和中国作为一个缺水国的基本国情可能会制约利用水体的遮蔽性开展的设计。这些相对不利因素都对中国设计师充分发挥创意思维和灵活运用系统工程思想提出了更高的要求。

综上所述，与水体一体化设计的公共艺术作品依靠水的不同特性大幅提升自身艺术表现力，成为世界公共艺术大家族中的亮点。借鉴海外经典作品的先进经验，深入了解水的不同特性及实现艺术效果必需的技术细节，将有助于中国设计师提升在这个领域的设计与施工水平。早日在中国出现与水体一体化设计的公共艺术知名案例，将是中国公共艺术实践跟上甚至引领世界潮流的象征，更是提升中国文化软实力的重要可行路径。

5.3 作业范例详解

我们根据不同的侧重点挑选出五份富有代表性的作业加以详解,以检验亲水环境公共艺术设计训练的成果。

作业1 《漂流瓶——来自沙滩的秘密》

设计者:天津大学建筑学院建筑学四年级张宇。

指导教师:王鹤。

设计周期:4周。

介绍:该作品选取海滨沙滩环境,基于现成品设计方法,以搁浅的漂流瓶为灵感,设计了成组的玻璃瓶。搁置在沙滩上或漂浮在浅水区的漂流瓶,可供人们交换心中所想或表达爱意,为沙滩提升浪漫气息与人文关怀。

环境契合度:8分。

漂流瓶的主题与形态都与海滨自然环境和人文环境非常契合。设计者设想的全透明材质虽然在工艺上还有进一步完善的空间,但从效果上看很好地融入了了环境,所以方案的环境契合度总体很高。

主题意义:8分。

设计者针对海滨沙滩环境现状开展设计,创造了半隐私空间,从而营造了视觉焦点和活动中心,成功提升了自然环境的人性化氛围。另外,将漂流瓶这种历史悠久的现成品作为主题,也和海滨现状相呼应,具有现成品公共艺术与生俱来的幽默感。

形式美感:6分。

设计者详细规划了适用场地,以及如何对漂流瓶进行变形以适应场地和表现主题。漂流瓶本身经过工业设计,形式美感较为理想。设计者将其倾斜,并适应人体尺度空间,进一步完善了整体感。但漂流瓶的材质可进一步商榷。设计者没有详细论述材质与工艺,虽然透明树脂整体铸造技术已在公共艺术中广泛使用,但如何保证大尺度作品的结构强度可能还不成熟。使用玻璃材料则缺少支撑,安全性欠佳。也许如《漂流瓶》(米德尔斯堡)那样

用字母作为框架,再用玻璃加以密闭会比较理想。

功能便利性:8分。

在海滩这样的全开放空间中,营造一定数量的半密闭空间,以供小群体进行有一定私密性的交流,从理论上看是合理的。但当前世界范围内缺少此类实践,主要还是与海滨生态保护法律法规的限制和台风、潮汐等自然力的不可预测有关。

图纸表达:9分。

总体效果清新淡雅,带有鲜明的个人风格。透视图意境优美。基地分析较为完整。现成品和场地选择逻辑较清晰。信息标注完整。不足之处在于对加工工艺和安装方式缺少足够的说明。

《漂流瓶——来自沙滩的秘密》如图5-11所示。

❋ 图5-11 《漂流瓶——来自沙滩的秘密》

作业2 《键盘涟漪》

设计者:天津大学建筑学院建筑学一年级孙佳睿。

指导教师:王鹤。

设计周期:4周。

介绍:该方案选址湖畔,原始场地为水泥仿木台阶,形式较陈旧。虽然周边健身、钓鱼的需求很多,但该台阶并没有得到有效利用。因此设计者对原有台阶进行改建,使原有休息功能不变的同时,使台阶作为景观引人驻足。

环境契合度:7分。

由于基本元素选择得当,键盘的原始形式与台阶非常契合。不足之处在于键盘及其代表的通信、科技等文化氛围,在这个休闲和亲水之地略显突兀,可能需要整体景观设计增加硬铺装,或与同样带有科技感的其他休闲、照明公共艺术设施配套使用。

主题意义:7分。

设计灵感源于键盘这种常见的工业现成品。设计者将进行水平与垂直方向上的拉伸变形,达到兼顾形式美与满足功能需求的双重设计初衷。但是作品与滨水环境结合的主题意义较为有限。

形式美感:7分。

选用工业现成品作为概念出发点的有利之处在于,减少对形式的探索,直接采用经过工业设计的基本形态,自然具有简约的工业美感。设计者又进一步加以调整,使按键在垂直方向上有所变化,产生有波动的韵律,同时使其能满足更多的功能。色彩选择也与环境有很突出的对比。

功能便利性:8分。

通过改建,丰富了原有的台阶形式,产生了趣味,使此处有可能成为一个人气颇高之处,满足休息、钓鱼、亲子等活动的需求。同时台阶之间距离合理,符合人体工程学要求。

图纸表达:7分。

基本元素相对完整,画面风格比较淡雅,图纸类型和图纸数量基本能够满足设计表达要求。不足之处在于画面冲击力弱,现场实景照片的直接采用不够理想。

《键盘涟漪》如图5-12所示。

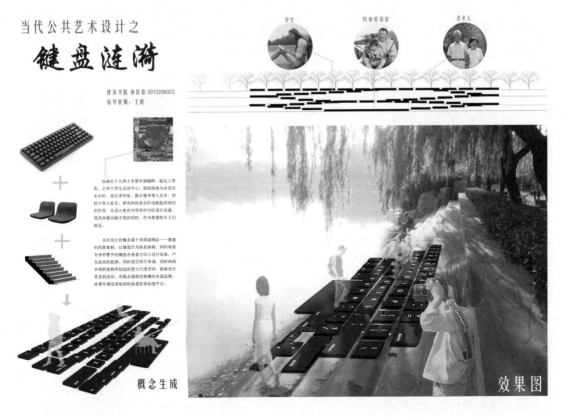

※ 图 5-12 《键盘涟漪》

作业 3 《飞跃的海豚》

设计者:天津大学建筑学院城乡规划学一年级王新宇。

指导教师:王鹤。

设计周期:4 周。

介绍:该方案针对一个自设环境,选用海豚的形象展开设计,营造出一群海豚翻越人行栈桥的情境与视觉效果,达到活跃略显呆板的小区环境的设计初衷。方案的特点在于借鉴了动水及静水的遮蔽效果,利用喷出的水花遮挡了海豚身下的支撑装置与喷水装置,既富有动感又显得自然。

环境契合度:7 分。

通过海豚与人行栈桥位置的合理设置,营造了富有自然感与动感的情景。经过巧妙设计的喷嘴,体现出对水体特性的把握,完善了整体效果,也使作品进一步与水体环境深度契合。

主题意义:7 分。

海豚本身是一种与海洋关系紧密且十分亲人的形象,在各种喷泉或海滨公共艺术中被广泛采用,能够有效提升所在地区的人文与自然氛围。该方案中海豚的位置又与水体、交通流线有着不可分割的关系,因此主题意义虽谈不上深邃,但比较明确,能达到设计要求。

形式美感:7 分。

设计者选择了具象形式,但仍具有立体化的效果。但在当前公共艺术趋势中,采用更新颖的造型方式已经成为主流,比如巴尔的摩一处水池中的海豚就采用了框架造型。因此,可能纯粹二维剪影方式更为有趣,更容易给人留下深刻印象。像素化也是可以采取的方案。

功能便利性:7 分。

虽然功能不是该方案的重点,但通过与生态性结合,应当可以产生某种功能属性,从而深化作品与人的互动,使作品超越传统景观雕塑的范畴。

图纸表达:9 分。

就一年级同学来说,该方案的图纸表达较为理想。环境调研(环境为借用现有方案)、灵感来源均阐述得较清晰。对一些技术细节有明确说明。信息标注完整。不足之处在于整体色调略单一,图纸与文字缺少相互叠压重合,构图稍显呆板。

《飞跃的海豚》如图 5-13 所示。

作业 4 《湖灯绘影》

设计者:天津大学建筑学院建筑学四年级刘安琪。

指导教师:王鹤。

设计周期:4 周。

介绍:该方案的初衷是为湖边提供可供大学生休闲、观景的设施。该方案以中国传统灯笼(灯彩)为基本元素,注重其兼具照明和装饰双重功用的特点,将灯笼放大到凉亭的空间尺度,通过减去部分木质隔栅并添加部分木质座椅来提供功能。

环境契合度:7 分。

除了从视觉和功能提供上与环境契合,该方案还在安装方式上有独特之处。按照设计者的设想,灯笼漂浮于湖面上,通过浮桥与陆地相连。当然,在实际施工中,非刚性连接会带来很多问题,影响安全性和可维护性,值得进一步斟酌。不过这种寻求进一步融入环境的思路值得肯定。

主题意义:8 分。

与大多数公共艺术作业设计强调现代性不同,该方案注重提取中国传统文化元素,选用有悠久历史的灯笼为原型加以放大,带有展现传统文化的主题意义,同时具备形式美感与功能便利性。

形式美感:8 分。

该方案采用现成品设计方法,采用的木框架灯笼本身经过漫长历史演化与多代工匠创作加工,已经具有很突出的视觉美感。加入照明考量后,作品更是能兼顾昼间与夜间的视觉效果,综合效果很理想。

功能便利性:8 分。

相对于作业 2 那样开放的湖边休息设施,该方案中灯笼这样有遮蔽的设施利用率更高,更不受天气影响,且安全性更好,因此在功能便利性上较为突出。

图纸表达:7 分。

总体框架较为清晰。透视图选用夜景,对比强烈,效果突出,且能表明作品特色。概念与方案生成略简单。透视图等比较完整。总体来看,排版基本能清楚阐述设计目的,但可更为紧凑。

《湖灯绘影》如图 5-14 和图 5-15 所示。

图 5-13 《飞跃的海豚》

图 5-14 《湖灯绘影》1

※ **图 5-15** 《湖灯绘影》2

作业 5 《湖上小泊》

设计者:天津大学建筑学院建筑学四年级谢美鱼。

指导教师:王鹤。

设计周期:4 周。

介绍:该方案利用现成品设计方法,选用寻常的勺子作为基本要素与灵感来源,设计了深入湖中,可供垂钓与亲水观景的公共艺术,功能性强,特点突出,饶有趣味。

环境契合度:7 分。

设计者希望通过设计融合码头与小船功能,让人们有"结庐在人境,而无车马喧"的超然之感。作品可以使人在湖上停留,自由自在,不受束缚,可以说达到了较高的环境融合度。作品不单独使用,而是成为一个系列,加大了自身的力度,成功营造了一个人文"小环境"。

主题意义:7 分。

设计者对于通过设计帮助人们亲近水面有着很高的热情,此举带有一定生态意义。现成品的选择在形式和担负功能上也比较平衡,并有较高的趣味性。

形式美感:6 分。

选用的现成品自身就具有较完整的工业美感,与水面的关系也比较合理,如能在色彩上进一步斟酌会更理想。

功能便利性:6 分。

需要注意的是,尽管通道有护栏,但勺子本身并无护栏,且狭窄,安全性堪忧。另一方面,作品功能相对单一,可能只适合好静的垂钓者。因此,尽管方案本身的出发点是提供更合理的功能,但相对于形式美与主题意义来说,在功能便利性上反而有一定不足。

图纸表达:7 分。

总体表达比较清晰,概念生成则相对简单。透视图虽能说明设计思路,但效果不够突出。就一个小作业而言,工作量达到要求,但不够充足。信息标注有待完整。

《湖上小泊》如图 5-16 所示。

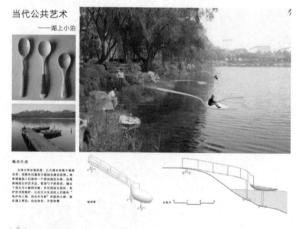

※ **图 5-16** 《湖上小泊》

5.4 亲水环境公共艺术创新案例追踪

加拿大不列颠哥伦比亚省温哥华会展中心(Vancouver Convention Centre)是属于不列颠哥伦比亚政府的大型展览机构。会展中心在 2009 年进行了西侧扩建,展览面积大为扩大,如图 5-17 至图

5-20 所示。在这个过程中，一系列立足现代、海洋和加拿大本土文化的公共艺术落成。此处着重介绍位于杰克普尔广场(Jack Poole Plaza)的《数字虎鲸》和位于一帆风顺广场(Bon Voyage Plaza)的《水滴》。

❋ 图 5-17　温哥华会展中心滨水环境远眺

❋ 图 5-18　温哥华会展中心及周边环境平面图

❋ 图 5-19　温哥华会展中心昼间景色

❋ 图 5-20　温哥华会展中心夜景

《数字虎鲸》是一件运用类似乐高积木式构型方法完成的作品，采用了虎鲸跃出水面的经典姿态，位于会展中心滨海的大面积硬铺装平台上。作者是兼具艺术家和作家身份的道格拉斯·柯普兰(Douglas Coupland)。《数字虎鲸》采用的类似乐高积木的造型方式，应当确切称为对虎鲸形象的立体像素化处理，是一种对造型技巧要求低、与时代环境契合度高、受众更广泛的新颖造型方法，也在各国引起了广泛的追随与模仿。《数字虎鲸》如图5-21 至图 5-23 所示。

❋ 图 5-21　《数字虎鲸》正视图

❋ 图 5-22　《数字虎鲸》侧视图

※ 图 5-23 《数字虎鲸》夜景

※ 图 5-24 《水滴》远景

《水滴》(*The drop*)的设计者是一个来自德国的艺术家团体——Inges Idee。一滴水的形态被放大、拉长到 65 英尺(约 20 m)的空前长度,色彩为浅蓝色,以产生一种脱离现实感并与滨水平台相对空旷的环境相匹配。一方面,作品有效赋予了环境活跃感,使一帆风顺广场成为游人乐于停留的去处。另一方面,《水滴》不仅从陆地平台这一侧去处理与人视角的关系,而且将乘船经过码头的游人作为重要的观众。在交通工具中观赏时,人往往没有时间细细品味,因此外形简洁、直白的作品更容易获得成功。《水滴》如图 5-24 和图 5-25 所示。

※ 图 5-25 《水滴》近景

第6章

循环与仿生——生态环境公共艺术的设计特点

XUNHUAN YU FANGSHENG——SHENGTAI HUANJING
GONGGONG YISHU DE SHEJI TEDIAN

对生态环境的关注是从二十世纪后半叶就广泛出现于当代艺术中的主题。近年来，随着技术进步和理念创新，部分公共艺术发达国家的艺术家和设计师开始走出传统上警醒人们注意环境问题的视角，依托寻常可得的工业化技术与材料，凭借前瞻性的艺术观念与系统思维，在将生态观念应用于更广阔室外空间艺术领域上走出了一条新路。

6.1 生态环境公共艺术经典案例——英国柴郡《未来之花》

近年来在生态领域最有代表性的作品就是位于英国默西河（Mersey River）边，由 Tonkin Liu 事务所设计的《未来之花》（Future Flower）。《未来之花》高 4.5 m，用钢柱支离地面后全高 14 m，钢柱上固定三组风力涡轮。基本要素是用多组镂空金属片编成的花朵，120 片穿孔镀锌软钢花瓣内部包含 60 个由风力提供电能的 LED 照明灯。当风速超过每小时 5 英里（约 8 km/h），灯光就会逐渐明亮，直至形成一团红色的光芒。其因视觉观感和技术运用上很现代，被命名为"未来之花"。作品不但在昼间和夜间都取得了很好的视觉效果，而且突出了与环境互动的主题。《未来之花》及其设计图如图 6-1 和图 6-2 所示。

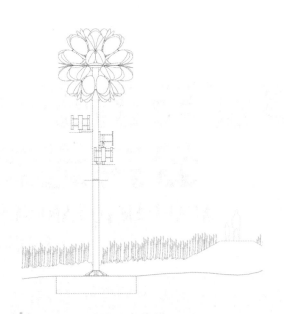

❋ 图 6-2 《未来之花》设计图

❋ 图 6-1 《未来之花》

《未来之花》的成功与近年来英国大力支持北部老工业区"以文化为先导"的复兴有关，英国西北开发署为该计划提供了资助。方案本身作为墨西河滨水区再生计划的一部分进行竞赛招标设计。该计划目标大胆，内容广泛，包括清洁闲置、受污染的土地，为本地创造了 1100 个就业机会，营造一个现代化、享有足够休闲设施的商业办公环境。甚至，花这一灵感就来自默西河岸边这种自然和工业的相遇，这也可以看作艺术来源于生活的一种具体表现方式。总体而言，以作品本身的艺术质量和创新理念为基础，加之适当的宣传，《未来之花》已经成为柴郡威德尼斯地区复兴的象征，当地人普遍对该作品能吸引更多观光客与投资者充满信心。像这样将艺术作品与地区经济、社会发展紧密结合的案例在国内还相当有限，因此格外具有借鉴意义。

在材料方面，《未来之花》使用寻常的软钢作为基本材料，通过镂空处理进一步降低结构自重，并辅之以镀锌工艺，同样实现了与环境的互动和可循环利用的绿色设计标准，如图 6-3 和图 6-4 所示。在加工过程中,《未来之花》项目集合了知名的可持续工程公司 XCO_2、结构工程师埃克斯利·奥卡拉汉(Eckersley O'Callaghan)和麦克·史密斯(Mike Smith)艺术工作室的力量,属于强强联合和优势互补的合作典范。

❋ 图6-3 《未来之花》较轻的自重为运输带来便利

❋ 图6-4 《未来之花》内部结构

6.2 生态环境公共艺术设计要点

在当前的技术条件下,生态环境公共艺术设计应当注意以下要点。

1. 基础材料廉价、易得且易于加工

基础材料是构成公共艺术形体与视觉效果的主要元素。从理论上说,基础材料具有可循环、可降解等生态属性,是公共艺术作品具有生态属性的基础。但在实际设计和运作中未必如此,公共艺术作为公共空间中的三维立体艺术形式,从根本上来说,还要坚固、耐久。从对《未来之花》的分析来看,真正具有生态特征,以可持续发展为导向的公共艺术基础材料所应符合的工程标准就是廉价、易得且易于加工。材料维护成本尽可能低的材料,在当前及今后一段时间,才是真正的生态公共艺术基础材料(见图6-5)。

2. 尽量不依赖外部能源实现照明功能

传统上实现作品的夜间照明依赖于外部提供能源的大功率射灯,但随着一系列新光源、新能量转换设备的发明,公共艺术的夜间照明选项越来越灵活。从可持续的清洁能源中寻求动力,如太阳能、风能、潮汐能等,都是现实路径。利用寿命长、能耗低的灯具,如越发成熟和普及的 LED 来实现照明,也是必由之路。从《未来之花》的案例可以看出,今后符合可持续发展的生态公共艺术必须具备在低碳条件下照明的能力,如图6-5和图6-6所示。

3. 参数化设计与高精度加工结合

21世纪以来,计算机参数化设计逐渐成为公共艺术造型和营造视觉观感的重要手段。参数化设计运用到公共艺术中后,产生了许多如《云门》(美国芝加哥千禧广场)、《滑流》(英国伦敦希思罗机场二号航站楼)等视觉效果惊人的作品。当然,传统塑型方式所具有的人文内涵依然不可取代,但是随着技术不断成熟,参数化设计的另一个优势逐渐显现,那就是与辅助设计软件配套的高精度金属加工工艺,使传统创作设计与加工施工分离的局面彻底改观,从而提升了公共艺术的整体水平,应当是今后中国艺

术家和设计师们努力的主要方向之一。

※ 图 6-6　默西河畔的《未来之花》充分实现了
艺术品与自然和人文环境的和谐

※ 图 6-5　《未来之花》夜间效果

6.3　作业范例详解

　　我们根据不同的侧重点挑选出五份富有代表性的作业加以详解,以检验生态环境公共艺术设计训练的成果。

作业 1　《花中"云朵"》

　　设计者:天津大学建筑学院建筑学四年级邓惠予。

　　指导教师:王鹤。

　　设计周期:6 周。

　　介绍:该方案选址土耳其 2016 年世博园,主旨为营造一个花园。设计者考虑到土耳其的气候类型,认为有较为丰富的降水,因此希望能在营造美丽景观的同时对水资源加以利用,以实现对花园的滋养。

　　环境契合度:8 分。

　　该方案在环境契合度方面有较多考虑,本身与园博园的大环境契合。从具体位置来看,方案选址

街角,按照设计者的设想,云朵切割为圆形后可以与各个角度的人流呼应,环境契合度非常理想。

　　主题意义:8 分。

　　作品考虑到了独特的功能性,即与花朵栽培融为一体,每个形体的基本元素都是一个鲜花的水培装置。当一个水培装置片上的花朵生长到最茂盛的时候,设计者就设想抽出装置片,取走花朵去花店,并放入新的种子,进入新一轮生长周期,从而将经济与景观结合到一起,形成新的生长模式,符合生态公共艺术中作品与社会经济协调发展的要求。

　　形式美感:9 分。

　　方案选择"云朵"造型,从云状截面开始,采用典型的二维图像推拉方法,获得圆形截面切割,再进行切片和消减体量感,最后加入结构体系,获得了非常突出的基于图形逻辑的理性形式美感。

　　功能便利性:8 分。

方案除了培育花朵的功能外,还有观景等综合功能,功能便利性较突出。

图纸表达:9分。

工作量充足,图纸类型丰富、完整。透视图效果突出,色调淡雅。功能示意与技术细节均有清楚标示。

《花中"云朵"》如图6-7和图6-8所示。

❋ 图6-7 《花中"云朵"》1

❋ 图6-8 《花中"云朵"》2

作业2 《竹蜻蜓之森》

设计者:天津大学建筑学院建筑学四年级林碧虹。

指导教师:王鹤。

设计周期:4周。

介绍:方案在所选基地,按照一定的数理逻辑布置大小不等的竹蜻蜓,从而为沉闷的空间带来清凉的感受,并唤起体验者的童年回忆。

环境契合度:8分。

虽然设计者在设计说明中并未强调这些竹蜻蜓的能动性,但从其平面图来看,竹蜻蜓可以在风力作用下转动,从视觉上活化周边环境,通过与自然要素发生关系来与物理环境协调。

主题意义:8分。

竹蜻蜓是人们熟悉的童年玩具,作者从中提取灵感,根据人体尺度与功能需求,在硬质景观中成功营造出森林感受,生态主题意义别具一格。

形式美感:9分。

竹蜻蜓作为现成品,自身即具有形式美感。设计者综合考虑了尺度、数量、高度等数值的相互关系。根据一定规格的网格布置大小不等、高度不等的竹蜻蜓,还具有理性的秩序之美。

功能便利性:8分。

设计者利用竹蜻蜓的尺度与高度对场地进行了划分,使场地可以满足休息、聊天、演奏、聚会等多种可以想到的功能。如果能将风力转动与LED照明结合起来会更为理想,这也是该方案发展的方向。

图纸表达:9分。

简洁是该方案在图纸表达上的突出特点。设计者并未打造逼真的三维模型,也没有追求华丽的视觉效果,通过实景照片与剪影就完成透视图。该方案完全能够表达设计初衷。信息标注完整,技术与逻辑细节表达清晰。

《竹蜻蜓之森》如图6-9所示。

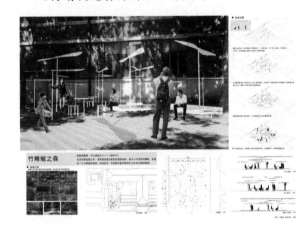

❋ 图6-9 《竹蜻蜓之森》

作业3 《海港观景亭》

设计者:天津大学建筑学院建筑学五年级

应亚。

指导教师:王鹤。

设计周期:6周。

介绍:该方案选址日本横滨港区的游客接待中心前广场,以提供一件具有避雨、遮阳功能的遮蔽物为设计出发点,同时兼具生态意义和艺术美感。

环境契合度:8分。

从大环境角度来说,该方案与海滨环境的内涵高度契合。从小环境来看,多变的曲线为硬铺装为主的环境增添了活跃的气氛,环境契合度非常理想。

主题意义:8分。

该方案重点突出可持续发展特性,表层为半透明材质,采用相当成熟的晶体硅太阳能电池板为内嵌的 LED 灯具供电,并采用智能化充放电控制器保证白天充电和夜晚放电的高效率,能耗低,维护成本低,视觉效果突出,生态意义显著。

形式美感:9分。

该方案采用植物仿生原理,借鉴浮萍这种海生植物造型,曲线流畅,视觉形态丰富,还可通过多变的夜间照明模仿海生植物的多变色彩,昼夜间效果都具有突出的形式美感。

功能便利性:8分。

作品提供了充足、合理的休息、遮阳、挡雨功能,能够充分满足游客及周边公众的需求,功能便利性突出。

图纸表达:10分。

工作量充足,信息量大,总体效果均衡、稳重。基地调研充分翔实,形式生成过程清晰,灵感来源明确。鸟瞰图与人视图效果理想。对技术细节说明详尽客观,兼顾昼夜间不同视觉效果更是亮点之一。

《海港观景亭》如图 6-10 和图 6-11 所示。

作业 4 《水织光纱》

设计者:天津大学建筑学院建筑学四年级林碧虹。

指导教师:王鹤。

设计周期:6周。

介绍:该方案与国际竞赛结合在一起,选址气候炎热干旱的伊朗梅博德开展设计,以透明树脂材质的棚状结构实现蒸汽冷凝为可用水源,满足居民

✳ 图 6-10 《海港观景亭》1

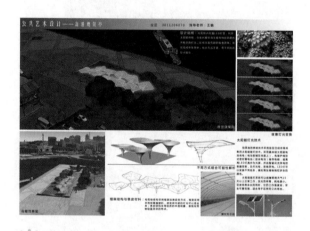

✳ 图 6-11 《海港观景亭》2

生活的要求。

环境契合度:8分。

该方案贴合当地需求,与建筑围合的空间形态十分相符。但是如此尺度的透明树脂材料,可能在结构强度上不甚理想,加工时也存在较大困难。

主题意义:8分。

该方案立足当地降雨量不足的现状,从坎儿井等传统水利设施中寻求灵感,通过可持续的自然方式将地下水为居民所用,具有较为突出的生态意义。

形式美感:9分。

结构本身富有建筑的理性秩序美感。同时,作品利用水滴、水汽在树脂材料表面的流动效果兼顾丰富的视觉效果与光影变化。总体视觉效果较为理想。

功能便利性:8分。

第6章

循环与仿生——生态环境公共艺术的设计特点

除集水功能,作品还可为居民提供一处休憩、交流的场所,兼具挡雨、遮阳的功能。

图纸表达:9分。

工作量充分,视觉效果非常突出,对集水原理通过图示进行了清晰的阐释。

《水织光纱》如图 6-12 所示。

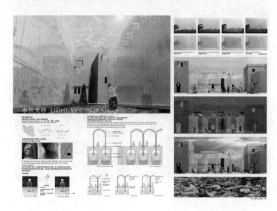

❋ 图 6-12 《水织光纱》

作业 5 《Light-Hope-Reconstruction》

设计者:天津大学建筑学院建筑学四年级祁山。

指导教师:王鹤。

设计周期:6 周。

介绍:方案选址具有织造传统的南塘,目的是营造一个用织布机围合的空间——倚靠建筑物形成一条小街。在织布机下方,人们一边织造,一边交易,一边下棋,这些活动发生在光照不同的地方。丝绸透过的光,因织布过程的不同而不同(一共六个过程),而丝绸下面人的活动也根据这六个照度有所区分。这整条街是一个织造的流水线,同时是展示传统文化的文化街与交易的商业街。

环境契合度:8分。

该方案立足传统商业街,依靠建筑,自成体系,与建筑环境和所在人文环境都有很高的契合度。

主题意义:8分。

设计者对公共艺术的理解是服务于人,要有人的参与,同时又与自然、人类劳作传统亲近。因此在方案中体现的自然、人类劳作传统成为一个(提供空间的)枢纽,把人与人、人与自然联系起来,生态主题意义十分突出。

形式美感:7分。

该方案偏重行为,与一般意义上的雕塑或建筑、景观形式的公共艺术不同,因此不能采用传统的形式美感衡量标准。

功能便利性:8分。

该方案设想了古镇居民可能的各种行为,并力求满足这些行为的需求,但对于旅游业发达的地区,游客同样是功能提出的主要群体,这是方案改进过程中所要注意的。

图纸表达:9分。

总体视觉效果突出。透视图富有想象力,对各种功能的图示分析完整且有逻辑,节点解释较为清楚,信息标注完整。

《Light-Hope-Reconstruction》如图 6-13 所示。

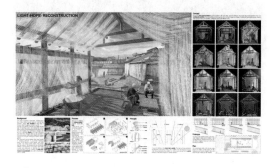

❋ 图 6-13 《Light-Hope-Reconstruction》

6.4 生态环境公共艺术创新案例追踪

在美国亚利桑那州首府菲尼克斯(凤凰城)的

口袋公园,设计师打造了形态复杂的金属森林——

Shadow Play，设计者是波士顿艺术工作室 Höweler Yoon。

作品由三个独立部分组成，钢板状的枝干与几何模块状的树冠组合在一起，形成一片形态前卫，宛若未来世界的金属森林。作品本身在重复、黄金分割等形式美法则方面做得较为突出，视觉效果美观。此外，树冠很好地遮挡了沙漠地区毒辣的阳光，为游人提供了沙漠中难得的阴凉。更主要的是，作品多变的外形在地面上形成了如几何派绘画一样的阴影，极富视觉美感。工作室的负责人这样评价自己的作品："地面上的阴影就像画一样。随着一天中太阳位置的变化，作品在地上呈现的光影也随时在变化，在不同的时间给人们不一样的美的感受。而且，作品具有分散性质，充分保持了空气的流通，给人以心旷神怡之感。"*Shadow Play* 如图 6-14 至图 6-16 所示。

❋ **图 6-14** *Shadow Play* 的昼间效果

更重要的是，这组沙漠中的艺术作品没有忘记生态属性，而是充分利用沙漠环境中丰富，甚至充沛的清洁能源。雕塑本身集成了太阳能电池板，可以为自身的 LED 灯夜间照明提供能源。这样，雕塑本身的夜间照明就不依赖于外部能源，实现了自给自足，既满足了游客的照明需求，又有效降低了维护成本，可谓一举多得。

❋ **图 6-15** *Shadow Play* 以 LED 营造的夜间效果

❋ **图 6-16** *Shadow Play* 营造出丰富的光影变化

第7章

空间与尺度——建筑内外环境公共艺术的设计特点

KONGJIAN YU CHIDU —— JIANZHU NEIWAI
HUANJING GONGGONG YISHU DE SHEJI TEDIAN

现代国际主义风格建筑以形式简洁和功能至上为特征,为了与这些几何感强、表面覆以大面积玻璃幕墙或清水混凝土的建筑相结合,现代公共艺术在位置选择上也渐渐寻求突破,不再固定于建筑前广场或中庭,而是不拘一格,甚至与建筑结构搭接在一起。如何根据建筑内外环境的特征开展公共艺术设计,寻求艺术与建筑的一体化,成为公共艺术设计必须面对的课题。

7.1 建筑内外环境公共艺术经典案例

建筑内外环境在空间形态上有很大区别,对公共艺术的主题、形式、结构、工艺有不同的要求,因此本节提供了内外环境的两个案例。

1. 建筑内环境公共艺术范例
——美国国家美术馆东馆的《动态》

1936 年,美国富豪梅隆捐出自己的大量艺术藏品,建成美国国家美术馆。20 世纪 60 年代,由于展馆空间日渐促狭,美术馆决定按照当年的协定,利用预留的一块 0.09 km² 土地展开东馆的建设,华裔建筑大师贝聿铭主持设计。为了适应不规则的地块,又要与一街之隔的西馆有所联系,贝聿铭独具匠心地根据基地形状设计了由等腰三角形和直角三角形组成的建筑平面,保证了展览空间与研究空间互不干扰。新馆主入口设计在等腰三角形的底边,造型简洁厚重并与老馆遥相呼应。最大的特点在于,展馆内部设计了开阔的中央大厅,需要搭配现代艺术品以丰富空间感受。美国国家美术馆东馆如图 7-1 和图 7-2 所示。

在美术馆委托的艺术家中,排在第一位的就是美国抽象艺术大师、"活动雕塑"创始人亚历山大·考尔德。考尔德当时已经年过七十,这件名为《动态》的公共艺术也是他一生中创作的最后一件大型作品。美术馆的大厅高 25 m,顶上是 25 个三棱锥组成的钢网架天窗。自然光经过天窗上一个个小遮阳镜折射、漫射之后,落在华丽的大理石墙面和天桥、平台上,非常柔和。考尔德的作品就悬挂在天窗架下,运用了他的经典能动造型,由红色、黑色、白色叶片组成,分层悬挂,从形态和色彩上高度活跃了这个作为美术馆中心的大厅。在美国国家美术馆东馆成

✳ 图 7-1 美国国家美术馆东馆远眺

✳ 图 7-2 美国国家美术馆东馆正立面

为世界顶级美术馆的历程中,《动态》无疑有一份贡献。当然,这件巨作于 1977 年 11 月 8 日正式落成时,考尔德已在前一年去世。但他开创的公共艺术悬挂布置在现代建筑室内空间的做法却延续下来,并被后来的艺术家发扬光大。《动态》如图 7-3 至图 7-5 所示。

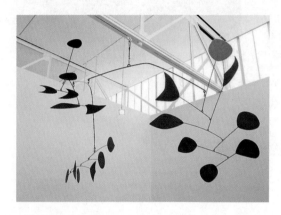

❋ 图 7-3 《动态》

❋ 图 7-4 《动态》为大厅营造了更为微妙的光影效果

❋ 图 7-5 《动态》成功活跃了大厅氛围

2.建筑外环境公共艺术范例
——巴塞罗那的《金鱼》

弗兰克·盖里(Frank Gehry)是当代著名的解构主义建筑师,以设计具有奇特、不规则曲线的雕塑般的建筑著称,曾获得 Wolf 建筑艺术奖等建筑领域著名奖项。盖里出生在犹太家庭中,而犹太人视鱼为生生不息的象征,因此盖里对鱼有着深刻回忆。他曾经创作了很多鱼形装饰雕塑,并为神户设计了整体的鱼形餐厅。

1992 年,巴塞罗那奥运会掀起城市艺术建设热潮,这座艺术风格浓郁,诞生过毕加索、高迪和达利的城市,也为奥登伯格、盖里这样思想特立独行的艺术家提供了机会。盖里接受的设计是一个行人天桥网络及凉亭的中心点,属于具有遮阳顶棚的建筑。

这件本身就是建筑的作品由大量构件支撑,全高达到 54 m,极富视觉冲击力,是一件具有金鱼形态的杰出公共艺术品。作品在材质上选用了古铜色的不锈钢,并冲压出大量孔洞以丰富肌理。应该说,在传统美学范畴中,这种令人联想到鱼的美妙曲面,其有机感超出了建筑师尺规绘图的能力范畴,其规整性又超出了雕塑家凭手和经验塑性的能力范畴。这离不开盖里的创新,在 20 世纪 90 年代初,盖里较早地使用法国达索系统公司(Dassault Systemes)为设计战斗机开发的计算机辅助设计软件 CATIA 进行设计,从而成功处理了这个巨大的具有雕塑感的曲面,堪称艺术与科技的完美结合。《金鱼》如图 7-6 至图 7-8 所示。

❋ 图 7-6 《金鱼》具有建筑的功能

 图 7-7 从一个很少见的角度欣赏《金鱼》的优美曲线

 图 7-8 色彩与开孔为《金鱼》带来了丰富的肌理效果

7.2 建筑内外环境公共艺术设计要点

从建筑内外环境的特性来看,结合相应经典案例,该类型公共艺术应当注意以下设计要点。

1. 注意与建筑形态、色彩的关系

与建筑一体化设计需要注意公共艺术与建筑形态、色彩的关系,遵循统一、对比、调和等形式美法则。设计得当的公共艺术作品与横平竖直的建筑既统一又对立,可以与建筑结构连接在一起,节省空间,抬高自身的视角,可谓一举多得。

2. 注重材料、工艺选择

与现代建筑一体布置的公共艺术品往往需要选用较轻的材料,如铝合金等,并与建筑的金属梁、柱形成物理连接,因为这些作品往往在离地较高的位置,下部人流密集,特别需要注意安全性,还要注意材料本身和连接节点所能承受的最大拉力。由于作品往往要长时间悬吊,又难以维护,材料在长时间承受拉力后的疲劳变形程度也需要引起重视。

3. 实现艺术家、建筑师和结构工程师的密切合作

与建筑一体化设计,需要设计者与建筑师和工程师进行密切的合作研究,共同解决质量、位置等关键问题,只有合作顺畅,作品才能得到空前的成功。事实上,近年来随着公共艺术市场细分,越来越多的跨学科团队涉足公共艺术设计领域,团队集中了雕塑、建筑、技术等领域的专业人员,设计的作品能够有效满足委托方需求。

7.3 作业范例详解

我们根据不同的侧重点挑选出四份富有代表性的作业加以详解,以检验建筑内外环境公共艺术设计训练的成果。

作业 1 《油纸伞的概念设计》

设计者:天津大学建筑学院建筑学四年级李桃。

指导教师:王鹤。

设计周期:4周。

介绍:该方案针对天津大学西门小吃街的特殊建筑环境开展设计。总体思路是设计形式新颖、具有文化内涵的雨棚来改善该区域环境。该方案选择江南地区常见的油纸伞进行连接,结构上采用六边形伞状骨架支撑,在钢骨架上用彩色透明油纸伞质地的材料无缝缝合,在伞棚两侧设置排水沟疏导雨水。

环境契合度:7分。

小吃街地势较低,下雨天积水问题较为严重,设计者对此有较深体会,因此重新设计的雨棚与环境融和较好。但需要考虑的是,对于长时间使用的雨棚,目前采用的油纸伞材料是否具有耐久性,框架强度似乎也有提升的必要。

主题意义:6分。

江南地区常见的油纸伞作为一种文化符号是可行的,但是应用于天津这样的北方城市,还是要进一步寻找文脉联系,从而提升主题意义。

形式美感:7分。

采用现成品为基本元素,形式美感有一定基础。注重不同油纸伞的色彩搭配与对比,成功替代原有蓝色雨棚,形式美感较为突出。

功能便利性:8分。

作品能满足遮雨需求,但对其他情况的适应性不足。作品没有进一步的艺术表达需求,应当可以通过进一步深入设计提升功能便利性。

图纸表达:7分。

内容基本完整,但细节不足,视觉冲击力有待进一步提升。设计说明的逻辑性等有待进一步深入阐释。

《油纸伞的概念设计》如图7-9所示。

❋ 图7-9 《油纸伞的概念设计》

作业2 《校园雕塑》

设计者:天津大学建筑学院建筑学一年级张峻崚。

指导教师:王鹤。

设计周期:4周。

介绍:该方案对学校内的水塔(24教学楼东南侧)进行了一个创意改造,在水塔上搭筑钢结构使它成为一个有趣味的人像雕塑。

环境契合度:7分。

该方案构思值得鼓励,思路新颖大胆,而且改造旧设施也是世界范围内公共艺术的一个显著趋势。但从透视图上看,这个类似机器人的形象与周边环境契合度不高,这主要是因为周边环境与机器人文化没有太多交集,使作品显得有些突兀,也许在一个文化创意产业园区,与几件其他作品成一个系列会更理想。

主题意义:8分。

该方案对天津大学老校区水塔这个熟悉却容易被遗忘的景观进行改造。设计者的思路:很多废弃工厂的烟囱、冷却塔曾经塑造了城市最重要的天际线,如今却遭到遗弃,对这些曾经城市记忆的关注和激活是很多人所希望的。

形式美感:6分。

网格化、框架化处理具象形象,是近年来公共艺术中通常采用的办法,奥登伯格的《棒球棒》和《克鲁索的伞》,以及近年来西班牙巴塞罗那艺术家乔玛·帕兰萨(Jaume Plensa)广泛采用的字母镂空表达人体的做法都是如此。此方法具有消解巨大具象形体的压迫感,使其更好地融入周边环境的功用。但其网格化往往具有较清晰的形式逻辑,自身具有模数化或有机化的美感,这正是该方案在形式美感上有所欠缺的主要原因。

功能便利性:6分。

表皮网格化除了形式上的优势外,其实还有很多功能方面的作用,特别是透光作用,可以形成很好的夜间效果。将公共艺术的形式与功能更好地统筹,才能达到理想的效果。

图纸表达:8分。

信息标注完整,透视图视角清晰,基地分析、灵感来源等内容展示清楚。部分草图的罗列也展现了思维不断成熟、形式不断推敲的过程。但直接使用实景照片时,有必要对光线、取景进一步斟酌以提升效果。

《校园雕塑》如图 7-10 和图 7-11 所示。

※ 图 7-10 《校园雕塑》1

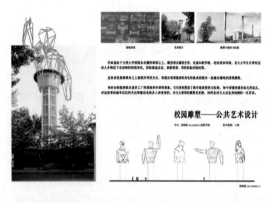

※ 图 7-11 《校园雕塑》2

作业 3 《READING IN THE YARD》

设计者:天津大学建筑学院建筑学四年级谢美鱼。

指导教师:王鹤。

设计周期:4 周。

介绍:该方案充分体现了建筑学专业同学的专业特点,即通过建筑改造满足多样化功能需求,以提升环境品质。设计者根据天津大学老校区图书馆空间狭窄、光照不足等缺点,希望通过改建,在不影响老图书馆正常使用的前提下,拓展和改善图书馆的阅读空间。

环境契合度:7 分。

方案针对图书馆前院展开设计,与前院空间形态契合。从大环境上看,方案也与整个高校校园重视阅读学习的氛围契合。设计者对艺术结构对图书馆一层可能的遮挡都做了分析,将遮挡严重的部分放在储藏室和寄存处外,比较合理。但可能不占据整个前院空间,而是留出一些空间会更具有虚实得当的效果。在地处中国北方的城市,设置大面积室外阅读空间,也要考虑气候造成的使用率问题。

主题意义:8 分。

对室外空间进行改造以提供多样化功能并兼顾形式美,是该方案的功能审美价值体现。紧密结合高校图书馆环境特色,立足大学生需求,是该方案主题意义的主要体现。但如能进一步深入挖掘,模仿自然现象或使作品具有生态意义等,效果会更突出。

形式美感:7 分。

总体符合统一、渐变、均衡等形式美法则,使用木结构也保证了色泽和肌理美感。

功能便利性:7 分。

从透视图上看,设计者考虑到了多样化的休息、阅读姿势需求。作品也能满足尽可能多的使用者的要求。但如此之大又不分区的空间,可能还是与环境行为心理学有不符合之处,适当辟出专用交通空间,对阅读空间进行适当分区可能会更理想。

图纸表达:7 分。

信息完整,图纸类型丰富,对流线问题的阐释清楚。不足之处在于对灵感来源阐释不清,没有说明波浪配图是否与设计灵感有直接联系,影响信息传达的效果。对这样以提供多样化功能为主的公共艺术来说,提供符合人体工程学的尺度标注、提供尽可能完整的功能示意图都是必要的。因此该方案在图纸表达上有一定欠缺,设计者应当在今后注意信息传达的顺序性与逻辑的完整性。

《READING IN THE YARD》如图 7-12 所示。

※ 图 7-12 《READING IN THE YARD》

作业4 《失眠者》

设计者:天津大学建筑学院建筑学一年级刘明迪。

指导教师:王鹤。

设计周期:4周。

介绍:该方案以现代大都市生活节奏加快,工作压力加大,白领等脑力工作者失眠率越来越高为切入点,以插座与插头这种现代生活常见的电器元件为基本元素,以拟人手法,表达了这种难以安眠的窘态。两向插头与三向插座的"错搭"进一步加深了这个主题。方案强调手绘效果,在大量使用计算机制图的作业中独树一帜。

环境契合度:7分。

从人文环境上看,该方案选址办公大厦一角或高楼之间的小区域,是合理且契合度高的选择。从设计者标定的尺度以及位置示意图上看,作品似乎较小,相对不容易引起注意。当然,奥特尼斯位于纽约地铁的《地下生活》单体尺度也很小,但其通过上百件作品形成一个系列和较显著醒目的整体观感,与单一作品的运用是完全不同的。这是该方案主要需要改进之处。

主题意义:8分。

本科一年级的同学一般来说接触社会相对较少,表达主题的深度一般有限。但该方案直面现代都市快节奏生活给健康带来的危害,以幽默诙谐的手法进行反讽,生动地表达了与压力和过度使用电子产品造成的失眠抗争的主题,具有很深刻的警醒意义。

形式美感:8分。

该方案的基本形经过了较长时间的推敲,设计者数易其稿,最终稿考虑到环境问题,其实在形式美感上略逊于第一稿。当然,总体借用现成品为基本元素,加之色彩得当,效果比较理想。

功能便利性:5分。

过小的体积不仅是形式问题,也使得很多功能难以施展,不能根据人体工程学基本原理安排休息等功能。事实上,办公大厦对有趣味的休息空间有很大需求,这是该方案有待改进之处。

图纸表达:8分。

在计算机制图普遍化的时代,坚持以手绘为主要表现手段是值得鼓励的。最后的排版兼具手绘和机图的特点,总体效果比较理想,信息标注完整,逻辑表达清晰。当然,作品在整体视觉冲击力上,以及部分图的栅格化布置上有进一步提高的空间。

《失眠者》如图7-13所示。

※ 图7-13 《失眠者》

7.4 建筑内外环境公共艺术创新案例追踪

Global Switch是一家1998年成立的全球知名交换机数据中心,由英国富豪鲁本家族的大卫·鲁本和西蒙·鲁本兄弟控股,主要为政府机构、金融机构和企业全球系统集成商、电信运营商、服务提供商等客户提供数据存储、管理业务,目前已在阿姆斯特丹、法兰克福、香港、伦敦、马德里、巴黎、新加坡和悉尼等重要城市建设了10座世界级数据交换中心(见图7-14)。

2010—2011年,位于巴黎的交换中心大楼启用,在这座设计前卫、现代的高科技大楼中,白色的墙壁、灰色的金属门窗、桌椅充满中性色彩,对长时间工作的科技人员来说缺乏人性关怀和感情色彩,必然影响他们的工作效率甚至身心健康。因此,来自澳大利亚的艺术家克里斯·福克斯(Chris Fox)接受委托,为贯通所有楼层的大堂设计公共艺术作品(见图7-15和图7-16)。

❋ **图7-14** Global Switch **在巴黎的交换中心大楼外景**

❋ **图7-15** *Convergence* **全景**

❋ **图7-16** **在大楼入口处就能看到** *Convergence*

克里斯·福克斯在以往的设计中就以思维活跃,善于运用新材料、新技术著称。这一次,他根据数据中心的主题与大堂独特的空间形态,结合业主提出的功能需求,以交换机数据线为基本元素,以鲜艳、醒目的红色为主色调来活跃环境气氛,如图7-17至图7-20所示。这个简洁的构想并不容易实现,在形状不规则的三维空间中,合理安排线捆的走向,保证其富有弹性和张力,使其根据空间形态和形式美法则疏密得当地变化,人力恐不能及。

福克斯大胆运用先进软件系统,以全过程参数化设计模型解决空间走向问题。这个模型完全依靠计算关系和参数,使形体和谐地"流动",使所有数据线本身分开、合并,通过空间并最终在某些节点终止。模型建立的关键是保证每根数据线优化自身曲率与弧度,相互之间避免冲突,以创建一个聪明和有效的形式。这个形式的设计结果就是后来人们看到的视觉上强有力、物理上很牢固的作品。福克斯将其命名为"Convergence",中文直译为聚合,有力地契合了建筑及业主的主题要求。

❋ **图7-17** **设计者的灵感来源于交换机数据线**

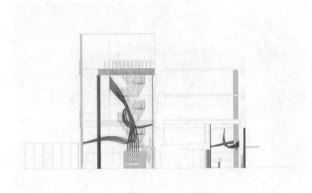

❋ 图 7-18 *Convergence* 设计图 1

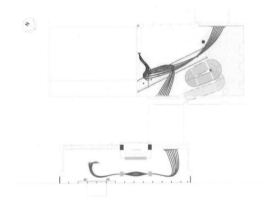

❋ 图 7-19 *Convergence* 设计图 2

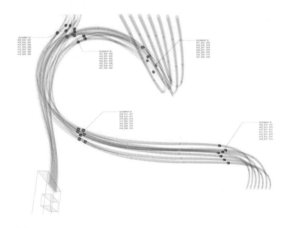

❋ 图 7-20 *Convergence* 设计图 3

在施工上，团队也进行了一系列技术攻关。由于全部线缆加在一起长度超过 370 m，有些连接点之间的距离很远，材料必须具备一定的强度以避免摇晃和振动。因此团队否决了 PVC 管的选择，尽

管其相对廉价且易于制造。团队最后决定还是使用传统的高强度钢材进行加工，分段进行弯折，段与段之间采用先插接，再由螺栓固定、焊接并喷漆的工艺，如图 7-21 至图 7-23 所示。

❋ 图 7-21 *Convergence* 在厂房中施工

❋ 图 7-22 *Convergence* 的安装场景

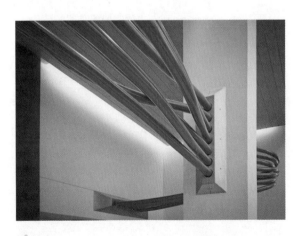

❋ 图 7-23 *Convergence* 与墙面的接头处理

完工后的 *Convergence* 视觉效果出众,就像一股喷涌的数据洪流一样,引领着刚刚进入大门的人,使他们随着数据线抬头,使他们的视线贯穿整个空间。作品有效活化了大堂空间,成功缓解了工作人员的紧张心理,提高了工作效率,也成为这家高科技企业重要的文化名片,如图 7-24 和图 7-25 所示。

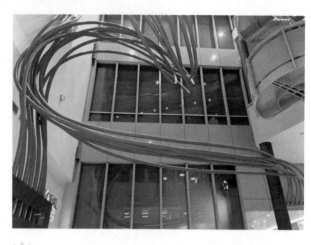

※ 图 7-25　人视角的 *Convergence* 效果颇为震撼

※ 图 7-24　*Convergence* 与大厅微妙的空间关系

第8章

线性与显性——道路沿线环境公共艺术的设计特点

XIANXING YU XIANXING —— DAOLU YANXIAN
HUANJING GONGGONG YISHU DE SHEJI TEDIAN

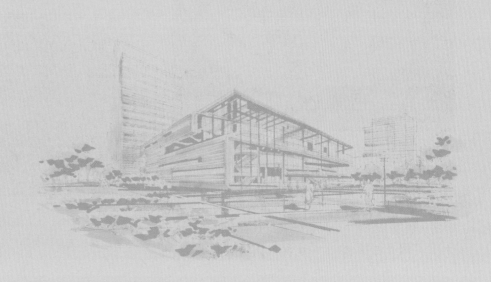

公路是交通系统的重要组成部分,承担着客运与货物运输的重要功能。在公路沿线进行的包括公共艺术、植被绿化在内的建设,比在其他地点进行的类似建设有更大的机会被观赏到,因此高水平的公路沿线环境公共艺术能够有效丰富景观,提升所在区块、城市的形象。

8.1 公路沿线环境公共艺术经典案例——洛杉矶《市区摇滚》

美国洛杉矶公路沿线雕塑《市区摇滚》是一件各方面均较为成功的作品。作为美国西海岸的重要城市,洛杉矶虽然不是汽车发明地,但汽车保有量大,驾驶文化悠久,早在1925年就已达到每1.8人拥有一辆车的密度。汽车在改变洛杉矶的雇佣关系、居住模式的同时,也造成了较为严重的拥堵和交通事故。20世纪80年代,洛杉矶当代艺术博物馆的落成,带动了所在地块的文化艺术发展。社区机构的艺术顾问邀请了多位艺术家就第四大街希望街到格兰德街这一段进行公共艺术设计。这个基地相当狭窄。最后,劳埃德·汉姆罗尔(Lloyd Hamrol)提交的方案《市区摇滚》获得了社区机构、开发商办公室、当代艺术博物馆、城市艺术画廊、洛杉矶当代艺术研究所的一致高度认可,如图8-1至图8-3所示。

❋ 图8-2 《市区摇滚》基地地图,阴影为雕塑所在地

个类似摇椅的反拱形基座上飞驰,有的似乎已经失控冲出边界。设计者既想描绘汽车在公路上往复循环似乎无休止的景象,也想控诉在公路飙车这个行为的愚蠢。《市区摇滚》自1986年落成以来,广受周边艺术机构、驾驶者和居民的好评,充分提升了所在环境的艺术品位,又起到了警醒驾车者的作用,已经成为现代艺术发展历程中重要的里程碑式作品。

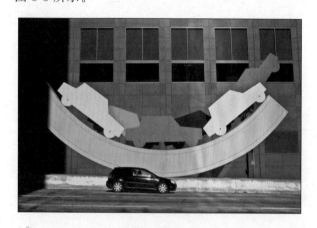

❋ 图8-1 洛杉矶《市区摇滚》全景

汉姆罗尔充分考虑了基地位置的狭窄以及洛杉矶繁盛的汽车文化,从二维视角入手,将钢板切割成六辆轿车的剪影形状,分别漆成红、黄、蓝、绿、白、黑等醒目的颜色,作为作品的主体。汽车在一

❋ 图8-3 从这个角度可以清晰地看出《市区摇滚》与基地周边道路的关系

8.2 公路沿线环境公共艺术设计要点

1. 调研视角切入不应局限于公路

场地调研是建筑、景观设计工作的基础，但由于公路沿线的特殊性以及"自媒体"时代信息传播速度加快，公路沿线公共艺术设计之前的场地调研应当更为广泛，特别是要避免设计中单纯重视公路沿线环境在时间上的顺序性，而忽视了观赏者所处空间的可变性。因此，公路沿线环境公共艺术设计调研不能仅局限于公路使用者，还需要考虑沿线居民的观点，更要考虑大众传媒时代的特点，保证大多数人在没有背景知识的情况下都能正确理解作品，从而实现设计意图。《市区摇滚》的成功之处就在于位于快速通行的交通工具中的观众和静止状态的观众看到的形态没有太大变化，消除了设计被公众接受过程中的不确定性。

2. 设计方法运用应力求简洁、直白

公路沿线地形功能有特殊性，设计者即使运用创新的理念，也应当通过调研、模型建构和试验等方式验证设计的正确性。公共艺术与景观不同，"移步换景"手法在景观设计中行之有效，但是受众对公共艺术的需求更多位于精神层面，如何感受到具体的形态，并体味蕴含其中的文化意境是最重要的。《市区摇滚》位于高速路旁，背靠建筑的特殊地形限定了作品只能从主要角度观赏。因此设计者选择了直白、简洁的剪影型公共艺术形式。作为二维公共艺术中的主要类型，剪影型公共艺术利用物体最容易被视觉把握的侧面形状加以表现，能够直白传达信息，符合现代社会的心理需求。虽然单纯的剪影形式看似简单，技术含量不高，而且只适合从特定角度观看，但可以通过巧妙选择布置地点来达到设计要求。同时，作品轮廓简单，也不会令驾驶员分神，避免了安全隐患。

3. 设计主题应呼应交通因素，具有教育意义

除了形式，设计者还应当对公路沿线雕塑的本质属性有技术哲学层面的把握，不能仅仅从公路沿线环境的物理形态入手，还应当考虑其交通领域的人文属性。驾驶员需要自行控制车辆，存在很多不可控的风险。因此公路沿线的艺术作品应具有简明、直白的造型、轮廓与主题，避免让驾驶员费解或分神。最主要的是，作品的存在以及表现出的主题应能够对促进交通安全有帮助。《市区摇滚》成为广受欢迎的经典之作就与其提醒飙车的危害有直接关系。这说明，公路沿线景观雕塑设计在吸收建筑、景观先进设计理念的同时，还要紧紧把握艺术创作深入精神领域的精髓，使设计出的作品在美化环境的同时，与地点的特殊性契合，起到警醒驾驶员的功能，具有教育意义。

4. 综合统筹考量各方面设计要素，取得更大效益

综上所述，公路沿线作为一种特殊的线状空间环境，确实具有按时间顺序展开的特性，但如果机械套用这个理论开展景观雕塑设计，则不符合人的认知心理特点，失败的概率很高。实践案例对比已经证明，越是公路沿线的雕塑景观与公共艺术，调研对象越不能局限于公路本身，设计形式越不能受公路本身制约，而要力求直观、通俗、易懂。当前中国正处于交通系统大发展阶段，并且已经进入汽车社会，利用好公路沿线空间，需要深刻洞悉公路沿线景观雕塑设计特性，持续不断投入资源深化研究并结合科学高效机制，才能多出精品，美化周边环境、彰显城市形象、提升人文氛围、减少舆论争议、促进社会和谐、提升交通安全，为建设高效、美观、安全路网做出贡献。相关研究成果还可以推广应用在交通枢纽和地下交通空间的景观建设中，以取得更大效益。

8.3 作业范例详解

公路沿线环境公共艺术设计相对特殊,因此我们仅选出两份有代表性的作业加以详解,以检验公路沿线环境公共艺术设计训练的成果。

作业 1 《剪影行·人》

设计者:天津大学建筑学院建筑学五年级应亚。

指导教师:王鹤。

设计周期:4 周。

介绍:该方案用简化、提炼的手法去表现城市人的一个生活片段,用一种幽默的方式演绎城市中奔波的人。红色圆圈代表汽车和自行车等交通工具的轮子,人踩着轮子,急迫地奔走在繁忙的城市中。作品位于公路边,旁边是川流不息的车道,它们可以对作品的主题起到提示作用,圆圈(轮子)的色彩可以表示赶路人的急迫的情绪,和令人满怀激情的、积极的情绪。作品的构图简洁明了,在繁杂的公路边更容易引起人们的注意。同时,构图在形象上像一个"囚"字。换一个角度看,完美的圆圈何尝不是一种束缚,警醒人们不要囿于局限住自己的那个世界,要努力生活,勇于突破生活。

环境契合度:7 分。

设计者对环境契合度非常重视,通过平面图表达自己对作品与环境关系的理解,形式运用也符合空间形态特征,保证剪影图像被大多数人观看和正确理解,环境契合度很高。当然,该方案在很大程度上借鉴了成都远洋太古里由法国艺术家Nathalie Decoster 创作的《邂逅》(*Meeting in Time*),但设计者针对新的环境进行了数量上的增加和尺度上的放大,使其具有了新的意义。

主题意义:8 分。

该方案有两重主题意义:一是与公路特殊地形有关的意义,即表现交通工具的轮子与随之而来的快节奏生活;二是通过构图表现汉字"囚"及相应意

义,具有鼓励人们突破自我的普遍意义。这两方面意义都比较具有普遍性和现实性,在公路沿线这样一个开放空间,也很容易引起不同性别、年龄、教育背景的人的共鸣。

形式美感:8 分。

设计者选用了圆形这个均衡、对称的图形,图形中央的人物形态均衡、力学均衡,整个构图在视觉上是非常稳定的。在色彩上也同样如此,设计者选取了容易引人注意的红色,与人物黑色剪影形成对比,产生了比较强烈的视觉冲击。五组作品的摆放注意到了对应、均衡等形式美法则,总体视觉效果较为突出。

功能便利性:7 分。

该方案重点不在于功能,但其实从尺度上看,圆圈底部其实可以提供休息功能,其他部分也可以兼容照明功能,这应当是该方案进一步深化改进的主要方向。

图纸表达:10 分。

该方案的图纸表达初看上去并不突出,设计者没有追求"酷"和"炫"的视觉效果。但仔细分析就会发现,该方案的图纸的内容十分完整,表现方式与处理手法准确清晰地阐明了观点,达到了设计意图,对于效果、平面图、剪影形态、空间关系都有完整清楚的表述。这应当是公共艺术图纸表现的方向。

《剪影行·人》如图 8-4 所示。

作业 2 《艺术公交站》

设计者:天津大学建筑学院城乡规划学四年级许北辰。

指导教师:王鹤。

设计周期:3 周。

介绍:该方案的设计初衷在于为公路沿线环境提供一个艺术化的公交站。设计灵感来源于英文

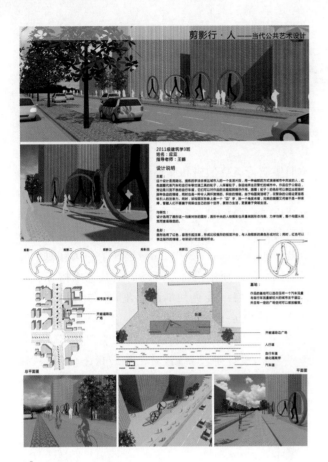

图 8-4 《剪影行·人》

单词"BUS"。设计者通过将三个字母进行变形与艺术化演绎,设计出一个形象直观且富有艺术气息的基础模型,并赋予三个字母各自不同的功能。结合太阳能光伏发电技术,作品成为一个形象有趣、使用便捷并与环境友好的公交站,适合公路沿线环境。

环境契合度:8 分。

形态、主题、功能均与公路两侧环境比较契合,这主要是由公交站的功能所赋予的,也和设计者的形式选择有关。

主题意义:9 分。

公路沿线作为公共艺术的展示环境,近些年来才得到重视。如何使传统公路沿线交通设施具有艺术性,是当前及今后一段时间公共艺术设计的主要课题。该方案在这一点上做了探索,具有前沿意义。同时,该方案集成近年来成熟的太阳能发电技术,不但满足公交站自身照明需求,还能为乘客提供手机自助充电功能,在智能终端高度普及的今天具有较强的生态意义。

形式美感:8 分。

相对于近年来的一些字母构型设计,该方案变形程度较高,形式美感突出,造型简洁,富有表现力,不论是对乘坐交通工具的观众还是对身处其中的观众,都具有较理想的观感。

功能便利性:10 分。

设计者充分考虑人体工程学原理,使作品形态合理。作品用途广泛,既包括报刊亭、电子信息栏等传统或新兴媒体信息获取渠道,又充分满足遮阳、挡雨和乘坐休息的需要。

图纸表达:9 分。

模型真实,不同角度与光照环境下的效果全面,细节阐述清晰,技术说明合理。图纸整体色调淡雅、简洁,非常美观大方。

《艺术公交站》如图 8-5 所示。

图 8-5 《艺术公交站》

8.4 公路沿线环境公共艺术创新案例追踪

在英国近年来大规模推进的公共艺术项目中，公路沿线作为一种特殊的环境类型得到了空前重视。原因之一是英国公共艺术建设注重投入产出比，公路是大量驾驶员和乘客的必经之路，公共艺术建设能够得到最多的观众响应。在《北方天使》中，策划者和设计者通过放大作品尺度来实现这个目的。在 A66 号公路米德尔斯堡段沿线新规划的 Blaze（《火焰》）则以全新的方式营造出费效比更高，更具拓展性的公路沿线环境公共艺术，如图 8-6 至图 8-14 所示。

※ 图 8-6　Blaze 视图 1

※ 图 8-7　Blaze 视图 2

米德尔斯堡是英格兰东北部著名的煤钢之城，在新经济浪潮中传统支柱产业严重落伍，因此米德尔斯堡是英国城市中注重通过公共艺术建设促进城市转型，拉动旅游经济的先行者。早在 1996 年米德

尔斯堡邀请奥登伯格和库斯杰完成著名的《漂流瓶》就收到很大成效。因此从 2007 年开始，米德尔斯堡市政委员会（Middlesbrough Borough Council）联合提恩河谷艺术（Tees Valley Arts）和英格兰东北艺术委员会（Arts Council North East）展开了一场针对 A66 号公路米德尔斯堡段特定环岛的公共艺术招标。新锐艺术家伊恩·麦克切斯尼胜出，并与结构工程团队 Atelier One 等合作开展设计。伊恩·麦克切斯尼主持的工作室成立于 2001 年，以在雕塑和建筑之间跨界著称，设计手段新颖，对工程质量一丝不苟，赢得了很多重要项目招标，位于伦敦天使大厦的 Out of the Strong Came Forth Sweetness 是其最知名的作品。

※ 图 8-8　Blaze 视图 3

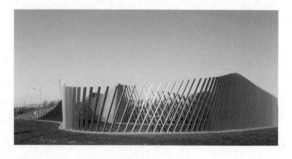

※ 图 8-9　Blaze 视图 4

※ 图8-10 *Blaze* 视图 5

※ 图8-11 *Blaze* 视图 6

※ 图8-12 *Blaze* 视图 7

※ 图8-13 *Blaze* 立面图

如前所述,公路沿线的公共艺术设计要考虑很多特殊因素,如兼顾乘坐交通工具的观众与通过媒体欣

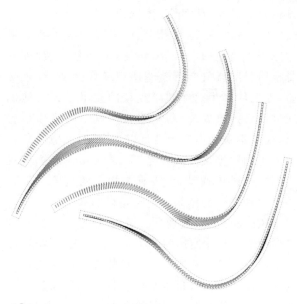

※ 图8-14 *Blaze* 平面图

赏的观众,前者处于快速运动中,需要作品简洁、直观、鲜明、醒目,后者会从多个角度更细致地审视和评判作品。处理不好两者的平衡,必将导致作品的失败,中国南宁的《盛开的朱槿》已经证实了这一点。经过细致的基地调研,伊恩和他的团队选择了传统的以矩形为基本元素的渐变构成形式,保证车行距离上视觉效果的多变和媒体视角中视觉效果的稳定,最终产生如金色火焰波动的效果,从而为沉闷的双车道公路沿线带来改变,为乘客带来全新的感受。设计工作是完全数字化的,由犀牛软件(Rhino)结合蚱蜢插件(Grasshopper)完成。软件同步生成每根基本矩形元素的长度(横截面不变)和 XY 轴坐标,并以电子文件的形式直接发送给生产商克里斯·布拉马尔有限公司(Chris Brammall Ltd)进行加工。

材料选择自重轻、不易腐蚀的铝材,所有铝管加在一起有 1.5 km 长。设计者在表面处理上考虑过聚酯粉末涂料,但最后还是选择了更便宜的阳极氧化手段。这是一种很成熟的铝材表面处理工艺,具体流程是将铝板置于硫酸、铬酸、草酸等相应电解液中作为阳极,在特定条件和外加电流作用下,进行电解。阳极的铝板氧化,表面形成氧化铝薄层,其厚度为 $5\sim20\ \mu m$,硬质阳极氧化膜可达 $60\sim200\ \mu m$。阳极氧化后的铝板的硬度、耐磨性、抗腐蚀性和耐热性均大幅提高。更独特的是,该工艺适合着色:氧化膜薄层中有大量的微孔,可吸附各种涂料分子,从而着色产生多彩的效果。

　　由于《Blaze》的特殊形态,设计团队一开始就考虑到了当地的大风,甚至构思过柔性安装,即在每根铝材底段安装弹簧基座以随风摆动,经过实验,他们放弃了这个过于复杂的技术方案。他们通过模型计算发现,每根铝材在风中的位移很有限,材料本身强度和弹性足以支撑,因此他们还是选择了刚性连接方式。完工后的 Blaze 能够被观察到在大风中摆动,但没有结构上的危险。不过一个意料之外的结果是产生奇怪的啸声。

　　Blaze 的安装也别具一格,数百根铝棒的角度必须丝毫不差才能达到设计中的完美渐变效果,而在生产中是不可能为每一根铝棒都加工特定角度的连接件的,为此,负责基座设计的生产商进行了技术攻关。他们设计了由两部分组成,可调安装角度的连接件,第一部分固定在混凝土基座上,铝棒底端的另一部分则有两个滑道,允许前者的两根固定螺栓在滑道内滑动,以保证铝棒安装时微调角度,确定角度后焊接固定。由于卓有成效的前期设计,免去了在现场反复修改调整的时间,现场安装时间仅 10 天,极大地节约了人力成本,如图 8-15 至图 8-18 所示。基座被卵石等材料覆盖,周边的土地还能种植,极具生态意义。整个工程的工期为 9 个月,总费用为 11.6 万英镑,不到 100 万元,费效比相当高,是近年来公路沿线公共艺术的成功之作。

※　图 8-16　Blaze 的安装现场

※　图 8-17　Blaze 的安装进度很快

※　图 8-18　Blaze 可调整的安装构件

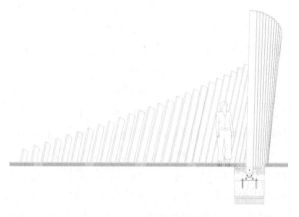

※　图 8-15　Blaze 的安装与人体尺度关系

参 考 文 献

[1]H.H.阿纳森.西方现代艺术史[M].邹德侬,巴竹师,刘珽,译.天津：天津人民美术出版社,1986.

[2]王鹤.Exploration on public art teaching modes in design colleges based on the methodology[C]//2012年艺术工学与创意产业国际学术会议论文集.福州:Information Engineering Research Institute(USA),2012.

[3]王鹤.街头游击[M].天津:天津大学出版社,2011.

[4]薛文凯."城市家具":公共设施的创新设计[J].创意设计源,2013(6):28-35.

[5]程悦杰,历泉恩,张超军.色彩构成[M].北京:中国青年出版社,2010.

[6]劳拉·坦西尼,姜影.雕塑的方式——克拉斯·奥登伯格和库斯杰·凡·布鲁根[J].世界美术,2009(01):8-12+2.

[7]匡富春,吴智慧.基于现代工业设计的城市家具设计理念研究[J].包装工程,2013,34(20):39-42.DOI:10.19554/j.cnki.1001-3563.2013.20.

[8]王所玲.城市家具中坐具的设计[J].包装工程,2013,34(20):43-46.DOI:10.19554/j.cnki.1001-3563.2013.20.012.

[9]吴祖慈.论设计文化的共性与特性[J].上海交通大学学报(社会科学版),2000(03):84-90.DOI:10.13806/j.cnki.issn1008-7095.2000.03.015.

[10]何灿群.人体工学与艺术设计[M].长沙:湖南大学出版社,2004.

[11]冯青.产品设计中的本土化设计研究与应用[J].包装工程,2010,31(16):56-58.DOI:10.19554/j.cnki.1001-3563.2010.16.016.

[12]黄柏青.设计美学:学科性质、演进状况、存在问题与可行路径[J].湖南科技大学学报(社会科学版),2012,15(05):160-163.

[13]杨恩寰.美学引论[M].北京:人民出版社,2005.

[14]任成元.师法自然的产品创意设计研究[J].河北大学学报(哲学社会科学版),2012,37(05):149-151.

[15]彭修银,张子程.东方美学中的泛生态意识及其特征[J].中南民族大学学报(人文社会科学版),2008,28(01):148-152.DOI:19898/j.cnki.42-1704/c.2008.01.034.

[16]中国社会科学院邓小平理论和"三个代表"重要思想研究中心.论生态文明[N].光明日报,2004-04-30(06).

[17]王强.略论公共艺术教学的价值观[J].雕塑,2006(03):38.

[18]陈云岗.公共艺术现状刍议[N].中国文化报,2009-11-6(003).

[19]布朗柯赞尼克.艺术创造与艺术教育[M].马壮寰,译.成都:四川人民出版社,2000.

[20]张勇,姚春艳.教育评价改革再认识[N].光明日报,2015-04-21(014).

[21]王洪义.公共艺术的N个研究角度[J].公共艺术,2014(06):34-38.